区域生态补偿与协调发展研究

——以合肥经济圈为例

孙贤斌　著

合肥工业大学出版社

内容简介

本书综合运用环境生态学、地理学和区域经济学等多学科理论,应用遥感、GIS 技术以及空间分析和模型方法,从生态系统服务功能价值、碳排放等多角度研究合肥经济圈生态补偿标准,及生态补偿分配模型、效应评价、优先等级和制度机制等问题,结合安徽大别山扶贫片区的实际,提出生态补偿式扶贫开发对策和途径,为实现区域协调发展提供科学依据。

本书以环境生态学理论、地理学研究方法和案例相结合,具有实际应用性。本书可供从事地学、生态学、区域经济学、资源与环境科学等领域的科研人员和高等院校相关专业师生阅读参考。

图书在版编目(CIP)数据

区域生态补偿与协调发展研究——以合肥经济圈为例/孙贤斌著 . —合肥:合肥工业大学出版社,2016.3

ISBN 978 - 7 - 5650 - 2702 - 4

Ⅰ.①区… Ⅱ.①孙… Ⅲ.①区域生态环境—研究—中国 Ⅳ.①X21

中国版本图书馆 CIP 数据核字(2016)第 061578 号

区域生态补偿与协调发展研究
——以合肥经济圈为例

孙贤斌 著　　　责任编辑　权　怡　　　责任校对　何恩情

出　版	合肥工业大学出版社	版　次	2016 年 3 月第 1 版	
地　址	合肥市屯溪路 193 号	印　次	2016 年 4 月第 1 次印刷	
邮　编	230009	开　本	710 毫米×1000 毫米　1/16	
电　话	编校中心:0551 - 62903210	印　张	12.5	
	市场营销部:0551 - 62903198	字　数	205 千字	
网　址	www.hfutpress.com.cn	印　刷	安徽联众印刷有限公司	
E-mail	hfutpress@163.com	发　行	全国新华书店	

ISBN 978 - 7 - 5650 - 2702 - 4　　　　　　　　　　定价:30.00 元

如果有影响阅读的印装质量问题,请与出版社市场营销部联系调换。

前　言

自 20 世纪后半叶,资源环境和社会发展问题日益严重,生态补偿已被许多国家成功用于解决生态环境保护与经济发展之间矛盾的有效手段。生态补偿逐步成为国际共识和研究热点。党的十八届三中全会特别提出要实行资源有偿使用和生态补偿制度,建立和完善生态补偿机制是解决区域协调发展、实现社会公平、扶贫的重要手段和战略举措。我国政府相关国家生态补偿政策的出台带来了生态补偿研究的热潮,建立和完善生态补偿机制已成为一些地区解决资源环境问题、实现社会公平、构建和谐社会的重要手段和战略举措。近几年,我国政府和学者对生态补偿研究特别重视。随着安徽省实施合肥经济圈发展战略和大别山片区扶贫项目开发,自然资源、生态环境与区域发展之间的矛盾不断凸显,使得生态补偿等问题受到社会各界的广泛重视,并成为亟待解决的问题之一。

依据新的国家扶贫标准,2011 年大别山区(3 省 36 个县)扶贫人口为647 万人(我国 1.28 亿),贫困发生率为 20.7%,高出全国 8 个百分点,是国家新一轮扶贫开发攻坚战主战场中人口规模和密度最大的片区。2013 年,《大别山片区区域发展与扶贫攻坚规划(2011—2020)》已得到中央政府批复与实施。大别山区是我国重要水源涵养生态功能区,森林和优质淡水等资源丰富。主体功能区划实施更会加剧区域之间利益的不平衡,使扶贫任务更加艰巨。《中国农村扶贫开发纲要(2011—2020)》明确指出:加大功能区生态补偿力度,并重点向贫困地区倾斜,生态补偿、扶贫是面临的两个重要课题,受到各级政府和学者们特别关注。在此背景下,从水资源和碳排放等多角度,依据生态服务功能的价值估算,以合肥经济圈功能区内的区际生态补偿标准为主要研究内容,运用地理信息系统(GIS)和遥感技术,对生态补偿的等级区划、土地利用碳排放效应评价、分配模型等内容进行研究,从而推进生态补偿理论研究的深入,对协调区域经济发展与生态环境保护,促进区域可持续发展,协调区域生态与社会经济发展具有重要的理论和现实意义。

本书选择合肥经济圈和安徽大别山扶贫片区为研究区域,综合运用环境生态学、地理学等多学科理论,应用遥感、GIS空间分析和建模方法,多角度研究合肥经济圈生态补偿标准,及生态补偿分配模型、效应评价、优先等级、制度和机制等问题,结合安徽大别山扶贫片区的实际,提出生态补偿式扶贫开发对策和途径,为实现区域协调发展提供科学依据。

本书通过合肥经济圈生态补偿研究,为我国区域生态补偿、资源利用、生态环境研究及扶贫开发提供新的研究方法和思路,进而为大别山国家生态功能区保护和大别山扶贫片区脱贫提供理论支持。

本书是作者近年来的科研积累,也是本人多项省部级课题的研究内容。黄润教授完成皖西大别山五大水库生态系统服务功能价值估算部分(本书第3章的3.2.4和3.3.5部分)。本书第11章是安徽高校省级自然科学研究重点项目(基于GIS的大别山生态功能区生态补偿研究,KJ2016A746)部分研究成果内容。从课题的选题、研究思路的确立、立项到研究内容的完成,不仅得到了课题组张文兵教授、傅先兰教授等的指导,还得到了皖西学院万青教授、王升堂教授、王哲副教授等多位老师的帮助和鼓励。此外,六安市发改委饶先发科长、霍山县扶贫办熊义宏主任、寿县扶贫办陈学平副主任、霍邱扶贫办韩维新科长、金寨县环保局生态办李君科长、金寨县移民局李忠叶科长和霍山县移民局杨亚飞总工程师在调研时也给予帮助,刘娜、李威、万萍萍等同学在GIS数据处理和问卷调查方面做了部分工作。在此谨向他们表示真诚的谢意!

由于作者水平有限,不足之处在所难免,敬请读者批评指正。希望本书的出版能为相关专业的读者学习时提供一些帮助和思考。

本书出版得到皖西学院大别山发展研究院科技创新平台、安徽省科技厅软科学项目(1402052055)、皖西学院地理学重点学科建设项目、皖西学院应用经济学重点学科、皖西地理信息与生态工程技术研究中心的支持和帮助,在此表示衷心的感谢。

目　　录

第1章 绪 论

1.1 选题背景

生态补偿作为一种有效的经济手段,已被美国、巴西等国家成功用于解决生态环境保护与经济发展之间的矛盾。党的十七大报告中将推进形成主体功能区,并完善其配套机制,这是关系到我国经济社会可持续发展态势的重大战略举措,主体功能区内的生态补偿正是配套机制中的重要内容。我国生态补偿政策的出台带来了生态补偿研究的热潮,建立和完善生态补偿机制已成为一些地区解决"三农"问题、实现社会公平、构建和谐社会的重要手段和战略举措。近几年,我国政府和学者对生态补偿研究特别重视。同时,皖西大别山是合肥经济圈丰富森林资源分布区,《京都议定书》已把林业列为应对气候变化、减排固碳的重要途径。安徽省正实施合肥经济圈发展战略和生态省建设,自然资源、生态环境与可持续发展之间的矛盾日益凸显,如合肥与六安、巢湖的水资源生态补偿、合肥与淮南的能源和矿区修复生态补偿等问题受到社会各界的广泛重视,已成为亟待解决的问题之一。从水资源和碳排放的角度,开展合肥经济圈功能区的生态补偿的模式、标准、对策和机制研究,对协调区域经济发展与生态环境保护、促进区域可持续发展,具有极其重要的意义;从水资源和碳排放的角度,依据生态服务功能价值估算,以合肥经济圈功能区内的区际生态补偿标准与模式为主要研究内容,运用地理信息系统(GIS)和遥感技术对生态补偿的等级区划、土地利用格局对碳排放量的效应评价等内容进行研究,这在国内生态补偿研究领域尚属一个新的课题。无论从概念到理论,还是从补偿模式到GIS评价,均处于起步阶段。本研究将探索建立一个完整规范的分析框架,并且以合肥经济圈的功能区为例进行实证研究,检验分析框架的科学性,这必将推进生态补偿理论研究的深入。

1.2　研究进展

1.2.1　国外关于生态补偿的研究

(1)生态补偿的内涵变化。生态补偿内涵由自然的生态功能受损的替代措施向社会经济领域的资源环境保护的经济刺激手段转变。

(2)生态补偿的理论基础。①福利经济学说。该理论认为外部性理论和庇古手段是生态补偿的理论基础,资源不合理开发利用和环境污染的原因在于外部性,需要生态补偿来消除外部性对资源配置的扭曲影响,使外部性生产者的私人成本等于社会成本,从而提高整个社会的福利水平。②产权经济学说。该理论认为生态补偿通过体现超越产权界定边界行为的成本,或通过市场交易体现产权转让的成本,来引导经济主体采取成本更低的行为方式,以达到资源产权界定的最初目的,使资源和环境被适度持续地开发和利用。③利益博弈说。从博弈论的角度来看,生态补偿是为了走出生态"囚徒困境"的制度安排,通过建立生态补偿的选择性刺激机制,实现区域内的集体理性,其价值动因是协调和解决环境权与生存权、发展权之间的冲突,而跨区域生态补偿也就是采取纵向一体化的办法将外部影响内部化。④社会公义说。持该观点的人认为,生态补偿说到底是个社会公平问题,环境资源产权界定或者权利的初始分配不同造成了事实上的发展权利的不平等,需要一种补偿来弥补这种权利的失衡,因此生态补偿应被更多地赋予社会和谐与公正的责任。Nicolas Kosoy 等认为,生态补偿是实现环境改进和乡村发展的双赢策略。粟晏、赖庆奎等认为,生态补偿是社会矛盾、利益差别、认识分歧的整合器,它可以改变成本收益的动态关系,实现社会公平、公正。⑤心理学和行为学。该观点认为补偿对行为具有明显的示范定向、塑造的作用。补偿改变成本收益的时空动态关系,也改变心理预期、选择偏好、行为主体间的责任与义务关系。

目前提得比较多的是外部性理论、公共产品理论、社会公平理论。如阿瑟·塞西尔·庇古(Arthur Cecil Pigou)提出外部性理论和庇古手段是生态补偿的理论基础;罗纳德·科斯(Aonald coase)提出科斯定理,认为生态补偿可以通过税收和市场手段来解决;保罗·萨缪尔森(Paul A. Samuelson)提出生态公共产品的思想,认为生态补偿是社会矛盾、利益差别的整合器,是实现社会公平的途径。

(3)生态补偿标准研究。补偿标准是生态补偿的核心,关系到补偿的效果和可行性。国外生态补偿的研究侧重补偿意愿和补偿时空配置的研究。如 Bienabe & Hearne、Morana & McVittie 等人建立了多项式逻辑斯谛回归模型或通过 AHP 和 CE 法,研究生态补偿参与支付意愿程度。Johst 通过生态经济模型程序研究生态补偿时空定量研究,为补偿政策实施提供了技术支持。

(4)生态补偿模式与机制研究。按照政府参与程度,分为:政府作为唯一补偿主体模式(缺失补偿主体时采用)、政府主导模式(涉及征收生态补偿税、区域转移支付度、流域与区域合作等)、市场化运作模式(对产权关系相对明确时采用)。国外生态补偿机制注重整合社会资源,构建全方位、全民参与的生态补偿机制。如 Burstein 等认为实施生态补偿的关键就在于实施改善农民生计的激励机制。

(5)国外关于生态补偿实践和方法的研究。美国、德国、爱尔兰等典型发达国家已初步建立了生态服务付费的政策框架,巴西、哥斯达黎加等国家也对生态补偿制度进行探索;跨流域生态补偿最有代表性的项目是在哥斯达黎加、哥伦比亚、厄瓜多尔、墨西哥等拉丁美洲国家开展的环境服务支付项目。

(6)生态补偿效应分析和评价。该领域研究可分为生态补偿的资源环境效应分析、社会经济效果分析以及补偿效率分析,如 Herzog 和 Dietschia 等人结合 3S 技术、生态学模型对补偿区域的生物多样性、景观效果进行了评价。

总之,国外研究具有三个特点:一是研究的对象是欧美发达国家、拉丁美洲的发展中国家,研究的相关理论和方法是否适合中国区域,还有待于验证。尤其国外生态补偿模式通过较多地运用对生态系统服务的购买类型政府购买(或称为公共支付体系)和市场的手段来完成,与我国现行政策体制还存在差别。二是从国家、流域等宏观研究层面较多,从微观层面的主体功能区研究还很缺乏,由于生态系统的功能具有空间意义,对其功能区及其内部结构的分析很有必要。三是生态补偿区域实践研究缺乏系统性。区域生态补偿研究缺乏与区域性的机制、体制政策等方面综合的系统化研究。

1.2.2　国内关于生态补偿的研究进展

国内生态补偿研究集中于五个方面：(1)生态补偿的概念、理论；(2)生态补偿的模式；(3)生态补偿的标准和方法；(4)区域生态补偿实证研究；(5)生态补偿机制和政策。

国内研究存在以下几点不足：(1)缺乏跨部门、跨区域的综合性、系统性补偿研究，打破部门、地区、行业界限，建立有效的协调与合作机制，是当前中国生态补偿机制问题深入研究的重要创新方向；(2)缺少对补偿标准的时空分配和等级区划方面的研究，空间分配没有"3S"技术的支持；(3)缺乏对补偿模式的可行性分析和效果评价；(4)生态补偿模式缺少深入研究，普遍呈现部门补偿多、产业扶持和经济结构调整少，而国外更加注重整合社会资源，构建全方位、全民参与的生态补偿机制；(5)缺乏补偿运行机制和背景环境分析，包括组织完善程度、机制运行效率、群众支持和参与程度等。

1.2.3　国内外生态补偿与扶贫关系研究进展

生态补偿与扶贫是近年来政府和学者们相当关注的学术领域，两者综合研究集中于以下四个方面：

(1)生态补偿与扶贫关系。Sierra和王立安等认为生态补偿对贫困者的经济收入和就业机会等方面会产生显著影响，如哥斯达黎加奥萨半岛的生态补偿项目和我国西部的退耕还林还草工程等都使贫困者收入和人力资本增加、土地使用权稳固、享受环境服务，但多数生态补偿项目对贫困者的影响也有不确定的负面影响，如使没有土地的绝对贫困者减少或失去就业机会。

(2)扶贫政策和生态补偿机制创新。对于扶贫，刘易斯提出要走工业化和城市化道路；舒尔茨提出要进行人力资本开发，所以科技扶贫和教育扶贫政策就显得重要；缪尔达尔从经济、政治等不同角度全面系统地研究了发展中国家扶贫的综合政策建议。近年来，王金南等提出完善生态补偿制度建立扶贫开发的长效机制，按收入扶贫(经济上)—权利扶贫(补偿意愿和发展意愿)—能力扶贫(再就业等)的渐进过程开展扶贫政策和机制创新研究。

(3)基于扶贫项目的生态补偿实践探索。在国外的生态补偿与扶贫实践中，较普遍的做法有两种：一是中央政府采取一系列的措施帮助贫困地区开发，如墨西哥等拉丁美洲国家开展的环境服务支付项目为贫困者增加收入;二是为贫困者建立福利制度(如社会保险制度和救助制度)保障每个人获得基本生活条件。徐丽媛等认为生态补偿是扶贫实践的新途径和最好措施之一。近年来,国内外开展政府主导和国际合作的贫困地区补偿项目进行的生态补偿实践逐渐增多。

(4)生态补偿式扶贫途径。诸多学者提出了政策、实物、产业、技术等补偿与扶贫途径。随着新型城镇化概念的提出和内涵的理解,以生态补偿资金、政策等途径进行生态或扶贫移民,通过内生主导产业促进新型城镇建设,破除城乡二元结构对城乡发展一体化的制约,是实现脱贫的根本途径。新时期我国扶贫研究更加关注扶贫与生态补偿的协调机制、生态补偿对缓解贫困的影响、补偿空间选择与效应评价等方面。

总之,国内外研究趋势和特点:①补偿标准仍是生态补偿的核心,更关注于补偿空间异质性和社会经济影响评价(如脱贫)。②较多使用地理信息系统(GIS)等技术,对生态补偿区域按价值当量、环境脆弱性等因子进行分区,将补偿空间异质性与贫困程度差别化、经济行为差异等一起考虑,注重补偿或扶贫效率。③生态补偿区域实证研究借助软件和模型如 GIS、SWAT、InVEST 等空间技术手段的支持。④生态补偿较多关注碳汇、REDD、生物多样性保护的影响及生态补偿项目扶贫效果与效率评价等方面,尤其是补偿的社会经济影响效果和效益评价。⑤生态补偿—扶贫开发—城乡统筹区域发展联动机制研究极少,更缺少多学科交叉方法融合的实证研究。⑥新型城镇化理念下的以工促农、以城带乡、生态和扶贫移民等急需结合典型案例探索其协调机制。

1.2.4　我国对生态补偿机制国际经验的借鉴

目前,生态补偿在我国仍处于探索阶段,国家并没有统一的法规和制度要求,不同地区、不同企业的操作模式千差万别。而从国外来看,一些国家在资源开发中保护资源环境、调整资源枯竭型城市结构及发展循环经济等方面走在世界前列,积累了许多成功的做法和经验,对我国生态补偿制度的建立和完善具有十分重要的借鉴意义。

(1)政府是生态补偿机制建设的主导力量。政府的主导作用主要体现在制定法律规范和制度、宏观调控、提供政策和资金支持上,解决市场难以自发解决的资源环境保护问题。在世界各国生态补偿的模式上,政府购买模式仍是支付生态环境服务的主要方式。例如,法国、马来西亚的林业基金中,国家财政拨付占有很大的比重;德国政府仍是生态效益的最大"购买者";美国政府一直采取保护性退耕政策手段来加强生态环境保护建设,由政府购买生态效益、提供补偿资金,对原先种地的农民为开展生态保护放弃耕作而由此承担的机会成本进行补偿,以提高农民退耕还林的积极性,进而提高全国森林覆盖率和生态质量。

(2)市场作用的发挥是生态补偿机制建立的关键。市场作为一项普遍的社会性力量,是生态补偿机制有效运转的关键。尽管政府是生态效益的主要购买者,市场竞争机制仍然可以在生态补偿中发挥重要的作用,政府完全可以利用市场手段和经济激励政策来提高生态效益。美国退耕项目虽然选择了"由政府购买生态效益、提供补偿资金"政策,但同时借助竞标机制和遵循农户自愿的原则来确定与各地自然和经济条件相适应的补偿标准,竞标者可以对参加竞标时上报的愿意接受的租金率与政府估算的租金率进行比较,选择不参加或不被政府纳入退耕项目。如美国的保护性退耕计划共包括五大工程,各个工程以合同制方式分阶段实施,每一阶段的保护目标不尽相同。合同期一般为10~15年,合同期满时农户可以根据当时农作物的市场行情来确定是否继续参加下一阶段的退耕项目。哥斯达黎加近年来采用市场手段来补贴私人生产者所提供的生态效益或为政府保护生态效益提供财政支持,并立法规定把从化石燃料中征收的销售税作为生态效益补偿资金的来源之一。另外,哥斯达黎加利用可确认的贸易补偿这种市场手段从国际市场上为政府进行生态保护寻求财政支持。如利用在国际市场上转让或销售温室气体补偿权的财政手段获取生态保护所需的财政支持。

(3)完善的法律是生态补偿机制的重要基础。这在许多国家的林业政策法规中得到了体现。如美国的生态环保补偿机制是渗透在各行业单行法里,他们认为农业是影响生态环保的最重要的因素之一,其农业法案大部分内容都是就生态环保问题对农业的资金补偿。日本的森林法规定,国家对于被划为保安林的所有者加以适当补偿,同时要求保安林受益团体和个人承担一部分补偿费用。瑞典森林法也规定,如果某地林地被宣布为自然保护区,那么该地所有者的经济损失由国家给予充分补偿。原德意志联邦共和国黑森洲森林法规定,如林主的森林被宣布为防护林、禁林或游嬉林,或者在土地保养和自然保护区范围内,因颁布了其他有利于公众的经营规定或限制性措施,而对林主无限制地按规定经营其林地产生不利,则林主有权要求赔偿。法国、哥伦比亚、南斯拉夫等国家也有类似的规定。法国政府还对国有和集体林经营所产生的利润免除税费,并对私有林经营提供各种财政优惠政策。国家法规的约束除了林业上的体现外,也体现在其他领域。

(4)建立区域合作机制是实现生态补偿的重要方式。生态系统是一个整体,许多国家的经验已经说明,大范围生态补偿机制不可能由一个地区或一个部门建立起来,只有建立部门联系、上下联动的综合机制,生态补偿政策才能奏效。生态补偿的问题要打破部门、地区、行业界限,建立有效的协调与合作机制。

德国易北河的生态补偿机制比较典型。易北河上游在捷克,中下游在德国,1980 年前从未开展流域整治,水质日益下降。1990 年后德国和捷克达成双边协议,采取措施,共同整治易北河。双方成立双边合作组织,成员由双边国家的专业人士组成,目的是长期改良农用水灌溉质量,保持两河流域生物多样,减少流域两岸排放的污染物。双边组织由 8 个专业小组组成(行动计划、监测、研究、沿海保护、灾害、水文、公众和法律政策等)。双边合作小组还制定了短、中、长期分步实施目标。经整治,目前易北河上游水质已基本达到饮用水标准。易北河流域边建起了 7 个国家公园,占地 1500km²。两岸流域有 200 个自然保护区,禁止在保护区内建房、办厂或从事集约农业等影响生态保护的活动。易北河流域整治的经费来源:一是排污费,居民和企业的排污费统一交给污水处理厂,污水厂按一定的比例保留一部分资金后上交国家环保部门;二是财政贷款;三是研究津贴;四是下游对上游的经济补偿。如 2000 年德国环保部拿出 900 万马克给捷克,用于建设捷克与德国交界的城市污水处理厂。

(5)严格有效的生态补偿约束机制不可或缺。严格的约束机制是生态补偿机制的重要组成部分,约束机制的功能体现在两个方面:一是对造成生态破坏的行为进行限制;二是通过经济利益的驱动,达到生态补偿的目的。生态税制度和生态补偿保证金制度是主要的生态补偿约束机制。

首先,充分发挥生态税的作用。生态环境税在经济合作发展组织内的国家已经比较成熟,瑞典、丹麦、荷兰和德国等国都已经成功地将收入税向危害环境税转移。目前,西方国家普遍开征的环境税有以下几种:空气污染税、水污染税、固体废弃物税、噪声税、注册税等。

其次,实施生态补偿保证金制度。美国、英国、德国建立了矿区的补偿保证金制度。如 1977 年,美国国会通过的《露天矿矿区土地管理及复垦条例》规定:任何一个企业进行露天矿的开采,都必须得到有关机构颁发的许可证;矿区开采实行复垦抵押金制度,未能完成复垦计划的其押金将被用于资助第三方进行复垦;采矿企业每采掘一吨煤,要缴纳一定数量的废弃老矿区的土地复垦基金,用于复垦实施前老矿区土地的恢复和复垦。英国1995年出台的环境保护法,德国的联邦矿产法等也都作了类似的规定。这种形式的生态保证金制度我国也可尝试在其他行业和部门逐步推广。

1.3 研究内容、方法和创新

1.3.1 研究内容

(1)生态补偿和主体功能区已有文献的梳理。包括对生态补偿内涵、理论、方法、模式、机制和评价,主体功能区的理论基础和制度、规划、发展模式等方面的文献梳理和综述,以及国内外推进生态补偿和主体功能区建设的基本经验。

(2)基础资料收集。购买合肥经济圈区域遥感影像,收集经济圈社会、经济、人口、能源消费、水资源等相关资料。

(3)经济圈功能区生态补偿标准、模式等。包括:①具体生态补偿方式(政策、实物、资金、技术、智力)的可行性分析;②生态补偿环境分析:补偿主客体状况,周围群众支持、配合、参与程度分析;③林地、重要自然保护区和水源涵养地等生态补偿模式设计,确定主体、补偿方式、资金来源等。

(4)水资源评价和生态补偿。包括:①选择大别山五大水库、巢湖等地进行实地调查水资源(数量、质量等);②应用单位面积(或重量)的生态系统服务价值,计算功能区的林地(遥感解译)、重要自然保护区、水源涵养地和水资源等经济价值,运用市场价格法、支付意愿法、机会成本法和费用分析法等方法计算生态补偿标准,确定合肥经济圈各主体功能区定量化补偿标准。

(5)碳排放补偿标准和效应分析。包括:①功能区内林地、湿地、水域、水源涵养地等对碳排放量的估算,碳汇功能、固碳价值评价、生态补偿标准与实施途径;②功能区内林地、土地利用方式对碳排放的生态补偿和效应分析。利用GIS空间分析经济圈功能区对碳排放的生态补偿和效应分析。

(6)生态补偿等级区划和效应评价。包括:①运用GIS技术对各主体功能区资源、人口和经济等数据进行存储、统计、可视化和空间分析,实现补偿标准的空间分配和等级区划；②构建 GIS 应用模型，对功能区生态补偿进行效应评价（包括选择评价指标、土地利用方式对碳排放的效应评价、生态补偿政策对区域生态环境及经济的影响评价）。

（7）生态补偿的分配模型构建。利用主成分分析法构建生态补偿效率评价模型：通过经济协调发展、生态与环境、环境治理、环境污染资源消耗等评价指标体系，由 SPSS 进行因子和主成分等分析，探讨生态补偿效益的相关因子，借助 GIS 技术进行空间化分配。

（8）生态补偿环境背景和扶贫意愿调查分析。设计问卷调查补偿主客体状况，周围群众支持、配合、参与的程度，开展补偿机制实施、运行的保障机制和对策研究，以及扶贫途径、政策认知、扶贫资金利用、扶贫项目等意愿分析。

（9）生态补偿综合评价和分配模型的构建。主要考虑森林覆盖率、有效灌溉面积、水土流失治理面积比例、土地复种指数、人均森林面积、工业固体综合利用率、工业废水处理量等因素，由主成分和回归等分析法确定各因素的权重等，以及补偿主客体分配模型。

（10）扶贫过程中生态产业的选择与发展。通过区域产业发展条件与基础，在区域经济发展中具有更为重要的主导地位和资源优势，确定区域主导产业。资金补偿和政策补偿只是输血型补偿，不能解决根本性问题，大别山区生态补偿式扶贫开发应该侧重于产业和技术补偿，依托区域资源大力发展能够实现自身再生、可持续发展的"内生性产业"，实现贫困人口的"能力脱贫"，进而发展相关配套产业和第三产业。

（11）生态补偿政策、机制建设和发展对策。包括：①水资源和碳排放的生态补偿政策框架、政策建议及其实施的保障机制；②重要生态功能和要素补偿机制实施、运行的保障机制；③皖西生态功能区的内生能力机制与"后续产业"、生态环境安全的保障机制研究；④功能区的退耕还林、水资源地保护、水土保持、生态经济发展模式和扶贫、经济圈功能区协调发展等对策研究。

1.3.2　研究方法

（1）运用经济学、生态学分析工具进行补偿标准研究。通过遥感图像解译土地利用类型和 GIS 技术数据处理，依据生态服务经济价值、碳汇价格和碳排放量计算碳排放的生态补偿标准；利用支付意愿法、机会成本法、费用分析法等评价方法，估算水资源补偿标准。

生态补偿标准是生态补偿的核心，关系到补偿的效果和可行性。国外在此方面侧重于补偿意愿和补偿时空配置。如 Bienabe E 等人建立了多项式逻辑斯谛回归模型或通过 AHP 和 CE 法,研究生态补偿参与支付意愿程度;K. Johst 通过生态经济模型程序开展生态补偿时空定量研究,为补偿政策实施提供技术支持。目前国内生态补偿标准计算常用的方法主要有以下几种。

① 基于生态服务功能的价值估算

生态系统服务被划分为气体调节、气候调节、水源涵养、土壤形成与保护、废物处理、生物多样性维持、食物生产、原材料生产、休闲娱乐共九类,根据每类土地/景观生态系统服务价值当量因子计算生态服务功能强度。随着土地利用类型的改变,区域生态服务功能也发生了变化。本书采用 Costanza 等人的生态系统服务功能价值评价模型,参考陈仲新等人的国内生态系统服务与效益的生态价值估算标准,以谢高地等人修订的不同类型生态系统单位面积服务价值为依据(表 1-1),计算经济圈生态系统服务价值,其计算公式为:

$$\mathrm{ESV} = \sum (A_k \times VC_k) \qquad (1-1)$$

$$\mathrm{ESV}_f = \sum (A_k \times VC_{fk}) \qquad (1-2)$$

式(1-1)、式(1-2)中,ESV 为研究区生态系统服务总价值;A_k 为研究区 k 种土地利用类型的面积;VC_k 为生态价值系数;ESV_f 为单项服务功能的价值系数。基于生态服务功能价值估算作为生态补偿标准是区域间补偿的上限。

表 1-1　中国不同陆地生态系统单位面积生态服务价值 （单位:元/hm²）

	林地	草地	耕地	湿地	水体	未利用地
气体调节	3097.0	707.9	442.4	1592.7	0	0
气候调节	2389.1	796.4	787.5	15130.9	407.0	0
水源涵养	2831.5	707.9	530.9	13715.2	18033.2	26.5
土壤形成与保护	3450.9	1725.5	1291.9	1513.1	8.8	17.7
废物处理	1159.2	1159.2	1451.2	16086.6	16086.6	8.8
生物多样性保护	2884.6	964.5	628.2	2212.2	2203.3	300.8
食物生产	88.5	265.5	884.9	265.5	88.5	8.8
原材料生产	2300.6	44.2	88.5	61.9	8.8	0
休闲娱乐	1132.6	35.4	8.8	4910.9	3840.2	8.8
总计	19334.0	6406.5	6114.3	55489.0	40676.4	371.4

② 发展机会法生态补偿标准计算

发展机会法是利用相邻县市居民的人均可支配收入与水源地区域人均

可支配收入对比,估算出相对于相邻县市居民收入的参考依据。补偿的测算公式为:年补偿额度=(参照县市的城镇居民人均可支配收入-水源地区域城镇居民人均可支配收入)×水源地区域城镇居民人口+(参照县市的农民人均纯收入-水源地区域农民人均纯收入)×水源地区域农业人口。在此,相邻县市为合肥市县,水源地区域为六安市和巢湖市,发展权损失即为区域之间生态补偿的下限。

③ 基于土地利用碳排放的生态补偿标准计算

A. 碳排放量和强度计算。土地利用变化的碳排放,主要涉及耕地、林地、草地、建设用地,建设用地和耕地为主要碳源,林地和草地为碳汇。耕地类型的碳排放考虑农业生产的 CH_4 排放系数以及对 CO_2 的吸收系数,其差值可得耕地的碳净排放系数;林地和草地的碳吸收系数根据前人研究所得经验数据进行测算,采用的碳排放计算公式为:

$$E = \sum e_i = \sum T_i \cdot \delta_i \qquad (1-3)$$

式(1-3)中,E 为碳总排放量;e_i 为主要土地利用类型产生的碳排放量;T_i 为各土地利用类型面积;δ_i 为各土地利用类型的碳排放(吸收)系数,根据文献耕地、林地、草地碳排放系数取 0.422、-57.7、$-0.022 t/hm^2$。

建设用地的碳排放通过其利用过程中能源消耗的碳排放系数间接估算,其公式为:

$$E_t = \delta_f \cdot E_f \qquad (1-4)$$

式(1-4)中,E_t 为碳排放量;E_f 为煤炭消耗标准煤量;δ_f 为碳排放转换系数,取 $0.733 t(C)/t$。

B. 碳排放的生态补偿计算。碳排放的生态补偿依据是碳汇价格。目前较常用的计算固定 CO_2 价值的方法有两种:一种是造林成本法,它是根据所造林分吸收大气中的 CO_2 与造林的费用之间的关系来推算森林固定 CO_2 的价值;另一种是碳税率法,环境经济学家通常使用瑞典的碳税率。中国的造林成本由于林分、年代和区域的差异,其经济价值各异。固定 CO_2 的价格有三种:国内专家研究指出,在中国种植森林,每储存 $1 t\ CO_2$ 的成本约为 122 元人民币,此碳汇价格是生态补偿的下限标准;中国造林成本的平均值为 272.65 元/$t(C)$,此价格是国内比较常用的合理价格;在国际上采用通用的瑞典碳税率,即 150 美元/$t(C)$,以 100 美元兑换人民币 668 元计,相当于人民币 1002 元/$t(C)$,此价格是国际上的参考价格,可以作为生态补偿的上限标准。

（2）利用现代 GIS 技术确定补偿空间范围和优先等级。利用 GIS 的图层几何代数与聚类分析法确定补偿空间范围和优先等级；由固碳价格和价值评价进行经济圈内的碳排放量估算，通过图层的栅格运算及空间分析功能确定经济圈功能区碳排放强度和效应。

（3）利用 GIS 的空间建模技术构建生态补偿的分配模型。利用 GIS 技术构建生态补偿分配模型，运用空间建模工具构建补偿时空分配应用模型与框架。

（4）利用统计分析方法实现补偿系统效应评价。由计量经济学分析软件探讨影响生态补偿效益相关因子，运用 GIS 技术构建生态补偿效率评价模型，实现补偿过程评价。

（5）典型区域问卷调研与案例分析。经济圈碳排放和水源地区域差异显著，课题组将设计问卷选择典型区域进行重点调研，获得补偿环境背景状况。且通过大样本数据的搜集，对经济圈各种资源、环境、社会、经济等方面的数据进行总量和比较分析，开展补偿分配、效应评价、制度体系研究以及扶贫途径和意愿等分析。

1.3.3　研究创新

生态补偿是协调区域关系的重要途径，合肥经济圈主体功能区划会深化区域之间利益的不平衡，但生态补偿的一般方法与主体功能区化资源配置和优化区域格局的目标不一致，所以跨功能区、行政区之间的补偿问题研究必须用新的思路来设计，其中时空分配是协调区域关系的焦点。经济圈生态补偿关键在于建立科学的生态补偿标准和合理的分配方案、分配机制、制度体系，探索创新生态补偿方式，建立完善的补偿制度及发挥科技支撑保障作用。

本研究创新之处体现在：（1）生态补偿时空分配模型构建及应用；（2）多学科交叉融合的研究方法与应用；（3）探索生态补偿与扶贫联动机制。

1.4　研究数据来源和处理

本研究采用的土地利用数据源自 1997 年和 2007 年的 TM 遥感影像。数据处理过程为：以行政区划图和地形图为参考，对 1997 年和 2007 年的遥感数据进行几何纠正,按照研究区行政边界裁剪,获得研究区范围。对两期遥感影像实地调查,建立遥感解译标志,在 ArcGIS9.2 软件中进行目视解译,并进行野外精度验证(正确率为 91%),获取两期区域土地利用数据。根据国家标准化管理委员会颁布的《土地利用现状分类》(GB/T21010—2007),将土地利用分为耕地、林地、草地、水域、建设用地(城乡、工矿以及居民地)、未利用地六种类型。

合肥经济圈三市的建设用地碳排放采用《中国能源统计年鉴》中安徽省1997 年、2009 年的能源消费数据,以及《安徽省统计年鉴(1998 和 2008)》的数据。合肥经济圈的 15 个县(市区)碳排放数据结合区域 GDP 数据来处理和获取:先根据三市的 GDP 和能源消费总量(吨标准煤)计算各市的单位GDP 能耗系数(吨标准煤/万元),然后由 15 个县市区的 GDP 和能耗系数计算各县市区的能源消费总量。

1.5 本章小结

合肥经济圈生态补偿对促进区域协调发展具有重要意义。党的十八届三中全会特别提出要实行资源有偿使用和生态补偿制度,大别山区具有丰富的水、森林等自然资源,为合肥市、淮南市的发展提供优质的环境资源,但经济发展滞后,亟需探讨区域间生态补偿标准,构建生态补偿机制和制度,同时合肥经济圈区域生态补偿和脱贫问题已经引起各级政府的广泛关注,但相关研究还很少。所以,对这一问题的深入研究和探讨,有利于大别山水源涵养等保护功能的发挥,为生态环境管理提供科学依据。

本章主要阐述研究区域和选题的重要意义,以及国内外生态补偿、生态补偿式扶贫开发研究的进展和趋势,结合合肥经济圈情况,提出研究目的,并且确定具体的研究内容和方法。

第2章　合肥经济圈概况

合肥经济圈范围有个动态变化的过程,根据研究内容需要和区域实际情况,在后面的章节中对研究区域范围的界定会有所调整,区域范围会有些变化。本章概述合肥经济圈的自然环境、社会经济发展状况、功能定位。

2.1　合肥经济圈范围说明

根据2009年发布的《合肥经济圈城镇体系规划(2008—2020)》,合肥经济圈包括合肥、淮南、六安、巢湖四市及桐城市等周边地区。鉴于2011年巢

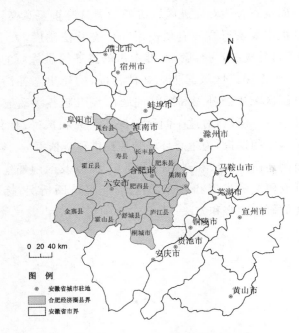

图2-1　2009年合肥经济圈的位置和范围

湖行政区划调整,2013年,无为县、和县、含山县整体退出合肥经济圈,滁州市的定远县加入合肥经济圈。2013年11月,专家评审滁州市作为整体加入合肥经济圈但尚未最终确定。鉴于行政区划调整和经济圈范围的变动频繁,结合研究数据的获取,本研究所指的合肥经济圈范围仍为巢湖行政区调整前的合肥、六安、巢湖三市,本书章节的内容包含淮南市、桐城市,土地面积约3.44万km²,人口约1800万。

2.2 合肥经济圈概况

2.2.1 自然环境和资源概况

合肥经济圈地处北亚热带,属于典型的北亚热带季风气候,夏季高温多雨,冬季温和少雨,年降水量在1200mm左右。合肥经济圈北有淮河,南有长江,区域内部有中国五大淡水湖之一的巢湖,区内还有多条河流(南淝河和北淝河等)。该经济圈西北部和西南部属于山地地貌,东部和北部属于丘陵地貌,地貌总特征是西北高,东南低,本区的地貌类型主要有河流地貌和部分风化地貌,山地主要是构造山地,但海拔均在2000m以下。合肥经济圈内的地带性土壤主要为黄棕壤,在局部地区也会有红壤的出现,本区的人为土壤也比较典型,主要是水稻耕作土。本区土地资源丰富,但在西北部和西南部主要为山地,可耕地较少,由于本区人口稠密,人均耕地较少。

合肥经济圈内具有丰富的自然资源禀赋和优越的生态环境。巢湖、六安、淮南和桐城有丰富的矿产资源、水资源、农产品资源和旅游资源等,为合肥经济圈发展提供了优越的条件。一是矿产资源丰富,已发现矿藏40余种,铁矿、花岗岩等储量巨大。其中,霍邱铁矿已探明储量16.8亿吨,远景储量20亿吨,位居全国第五、华东第一;淮南市是中国大型的煤炭能源基地和重工业城市,煤田远景储量444亿吨,探明储量180亿吨,占全省的70%,占华东地区的32%,占全国储煤量的19%;安庆市、桐城市的铜矿和其他有色金属储量较丰富;巢湖市主要为石灰岩矿和建筑材料。二是水资源充沛,拥有长江、淮河等河流和巢湖、黄陂湖等湖泊,以及佛子岭、响洪甸、梅山、龙河口和磨子潭五大水库,为当地的生产、生活提供了丰富水源。三是农产品资源充足,六安皖西白鹅年饲养量占全国的21%,是全国最大的羽绒集散地。巢湖水产品产量位居全省第二,特种水产品产量全省第一。桐城市是全国商品粮基地,农产品资源丰富,轻纺工业发达,如鸿润股份有限公司是全国最大的羽绒被生产和出口基地,主导产品羽绒被的生产出口量占全国总量的24%,连续13年位居全国第一位。桐城市还是全国最大的玻纤生产基地、全国最大的羽绒被出口生产基地、全国最大的制刷生产基地、华东最大的蛋鸭生产基地。六安市境内大别山生态系统保护完好,其中天堂寨集国家森林公园、国家级自然保护区和风景名胜区为一体,被誉为华东地区最后一片原始森林。合肥是国家级园林城市,巢湖市拥湖临江,淮南市毗邻淮河,桐城市临近长江,环境容量较大,具有优越的生态环境,宜居性较强。

2.2.2　社会经济条件

本区人口稠密,劳动力资源丰富,人口2000万左右,并且有一大部分受过较好的教育,高素质劳动力较多。区内拥有公路、铁路、民航、水运,各种交通齐全,并且都有较大的运输能力,公路主要有国道、高速,铁路主要有高铁和普通铁路,民航主要为国内航线,国际航线正在逐步增多,水运主要有长江的水运和淮河的水运。以合肥为经济中心,金融体系健全,信誉良好,实力雄厚,并且金融产品功能齐全,业务范围广,可为海内外投资者提供安全、便捷、迅速的存款、结算、理财、融资等服务。经济圈基础设施较完善,道路设施基本上实现了村村通电力,用水、网络等设施较齐全。经济圈工业基础较好,主要工业集中在合肥,合肥工业发展较快,1954—1957年,有50多家工厂从上海迁到合肥。现已形成汽车、装备制造、家用电器、化工及橡胶轮胎、装备制造、电子信息及软件、新材料等支柱产业及企业。

2.2.3　区域优势

(1)产业发展优势。合肥经济圈内初步形成了以高新技术、机械制造、汽车和家电生产为优势的产业集聚效应。圈内四市经济优势明显,互补联动性较强。其中,合肥是全国重要的现代制造业基地、科技创新及高新技术产业化基地和现代服务业基地。淮南是皖北区域政治、经济、文化、教育和商贸中心,国家重要能源基地。六安则是农业大市,境内有耕地625万亩,盛产110多种农副产品,是国家重要的粮油等农产品生产基地。巢湖境内拥有中国第五大淡水湖,其水产养殖、蔬菜等产业发展迅速,特种水产品产量位居全省第一,水产品产量位居全省第二。

（2）交通区位优势。合肥经济圈是长三角区域经济发展的重要腹地，圈内交通便捷，拥有水、陆、空三级综合交通运输网络。

（3）科教及人才优势。合肥经济圈核心主导城市合肥是全国四大科教城市之一，国家科研教育重要基地，是全国首个科技创新型试点城市，科教资源集中和人才优势明显，据2013年统计数据，拥有以闻名海内外的中国科学技术大学为代表的高等院校62所，博士授权点138个，两院院士60人。

（4）劳动力充足，商务综合成本低。合肥经济圈内人口众多，劳动力资源丰富，用工成本低，综合素质高；圈内水、电、土地等要素价格较低，要素成本具有相对比较优势，商务综合成本低。

（5）人文气息浓厚，旅游资源丰富。合肥经济圈与东部地区地缘相近，文化相通，有着相同的历史文化渊源。圈内的旅游资源很丰富，如天堂寨、巢湖温泉，桐城的六尺巷、岳西的好山水。合肥作为一座建城2000余年的古城，历史文化底蕴很深，但由于历史上战乱频繁等原因，真正有价值的历史遗存不多，且景点体量较小，内容单调。合肥的周边有众多风景名胜，除巢湖外，西有大别山，东有琅琊山，北有八公山。

2.2.4 发展方向

安徽目前在产业结构和经济发展水平上同东部地区还存在着明显的梯度差异，这种产业结构的梯度差有利于合肥经济圈承接长三角产业升级中转移出来的产业。合肥经济圈内拥有较低的土地和劳动力成本，拥有很好的区位优势，是最先接受长三角产业转移的区域，建设面向长三角的产业转移承接基地，有利于全面地、更好地承接长三角的转移，实现安徽与长三角的共赢。

（1）面向长三角的农副产品生产、加工和供应基地。长三角地区经济发展水平较高，人口密集，对农产品的需求量极大，加之随着长三角工业化进程的进一步加快，用于农业可耕地面积会进一步减少。安徽是传统的农业大省，也是全国重要的商品粮油生产基地，合肥经济圈在水稻、玉米小麦、大豆、油菜、棉花、水果等主要农产品生产方面相对长三角具有较大优势。因此，在承接产业转移进程中，应抓住自身优势，积极建设面向长三角的农产品生产、加工和供应基地。

（2）面向长三角的能源、原材料供应和加工基地。长三角地区经济的快速发展对能源原材料的需求在进一步加大，合肥经济圈内资源非常丰富，其中煤炭、金属矿物等主要资源非常丰富。圈内不但拥有铜陵有色、淮南煤矿等企业，而且近邻马钢、海螺等大型加工企业。在承接产业转移进程中，应抓住自身资源丰富这一优势，通过建设面向长三角的能源、原材料供应和加工基地来加快圈内经济发展的步伐。

（3）面向长三角地区的劳务输出基地和旅游休闲基地。安徽每年有600多万跨省外出务工人员，大部分都流向了长三角地区。合肥经济圈有大量剩余劳动力，且不少都具有一定的学历和一技之长，经济圈应在加大对这些剩余劳动力进行技术和文化培养的同时，积极增加面向长三角的劳务输出。合肥经济圈既有大量自然生态旅游资源，也有大量历史人文旅游资源，应加强与周边旅游资源丰富的旅游基地的联系，打造圈内圈外资源同时利用的旅游新局面。长三角已经成为安徽旅游最大的外来客源地，同时长三角地区经济发达，人民生活较富裕，旅游潜力特别大，因此，要紧紧抓住这些机会，积极建设面向长三角的休闲旅游基地。

2.2.5　经济发展状况

经济圈理论认为，以经济圈为立足点推动区域发展，既有利于发挥中心城市的带动和辐射作用，又有利于充分利用经济圈内各城市的综合优势，同时还可以带动整个区域的整体协作，推动各层级、各梯度地区的协调发展。近年来，合肥经济圈通过集中发展合肥市、带动周边地区、统筹发展圈内其他城市，呈现加速发展、协调发展态势，整体势头良好。经济圈整体规模不断扩大，中心城市辐射引领功能持续增强，区域联动水平逐步提高。

（1）合肥经济圈整体规模不断扩大

合肥经济圈内主要城市经济增长速度加快，经济总量大幅提升。图2-2～图2-3显示合肥经济圈各城市2006—2012年的经济总量增长情况，除2012年巢湖市行政区划调整外，其他各市GDP也呈现增长趋势。

从表2-1可知，2006—2012年，合肥经济圈经济总量从2148.96亿元上升到5694.24亿元，增长了2.77倍，年均增长23.57%，比全省GDP年均增速高出4.74个百分点。其中，合肥市年均增长23.43%，桐城市年均增长21.05%。2006年和2012年安徽省GDP分别为6141.90亿元和17212.05亿元，从合肥经济圈在全省的经济地位来看，2006年和2012年经济圈占全省经济总量的比重分别为34.99%和33.08%。

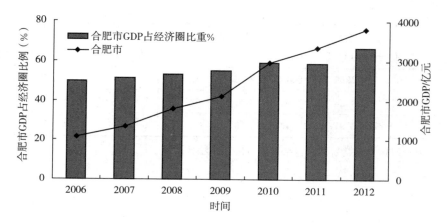

图 2 - 2 合肥市 GDP 及占经济圈比重

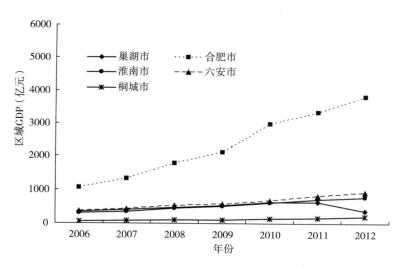

图 2 - 3 合肥经济圈各市 GDP(亿元)的增长情况

表 2 - 1 合肥经济圈经济总量情况

年份 (年)	总量 (亿元)	合肥市 (亿元)	淮南市 (亿元)	六安市 (亿元)	巢湖市 (亿元)	桐城市 (亿元)	合肥市 GDP 占经济圈比重(%)
2006	2148.96	1073.76	304.98	363.34	344.40	62.48	49.96
2007	2594.87	1334.61	344.23	435.29	404.62	76.12	51.43
2008	3330.97	1776.86	455.45	523.15	479.33	96.00	53.34
2009	3806.78	2102.13	508.77	563.72	529.36	102.8	55.22

年份 （年）	总量 （亿元）	合肥市 （亿元）	淮南市 （亿元）	六安市 （亿元）	巢湖市 （亿元）	桐城市 （亿元）	合肥市 GDP 占经济圈比重（%）
2010	5001.02	2961.67	604.18	676.11	625.00	134.06	59.23
2011	5654.94	3324.52	709.54	821.08	629.73	170.07	58.79
2012	5694.24	3797.68	781.76	918.19	366.64*	196.61	66.69

* 行政区划调整后的只包括巢湖市区和庐江县。

（2）产业结构不断优化

近年来，合肥经济圈各产业发展迅速，其中第一产业总产值从 2006 年的 261.86 亿元增加到 2012 年的 497.79 亿元，增长 0.9 倍，年均增长 12.86%；第二产业总产值从 987.99 亿元增加到 3207.54 亿元，增长 2.25 倍，年均增长 32.14%；第三产业总值从 939.07 亿元增长到 2105.54 亿元，增长近 1.24 倍，年均增长 17.74%。从各产业所占比重来看，第二产业所占比重逐渐增加（图 2-4），经济圈工业化进程不断加快，产业结构逐渐优化。合肥经济圈三个产业比重从 2006 年的 10.23∶45.98∶43.79 调整为 8.74∶56.33∶34.93。第一产业比重下降了 1.49 个百分点，第二产业比重上升了 10.35 个百分点，第三产业比重下降了 8.86 个百分点。第二产业在经济圈经济中的地位逐渐增强（表 2-2）。

表 2-2　合肥经济圈各产业产值及比重

年份 （年）	第一产业 （亿元）	比重 （%）	第二产业 （亿元）	比重 （%）	第三产业 （亿元）	比重 （%）
2006	261.86	10.23	987.99	45.98	939.07	43.79
2007	318.62	10.36	1252.75	48.28	1108.81	41.36
2008	372.41	9.57	1614.99	48.48	1294.68	41.95
2009	391.32	8.85	1992.70	52.35	1506.84	38.80
2010	450.7	7.89	2557.01	51.13	1794.94	40.98
2011	511.24	8.03	3179.45	56.22	2079.88	35.74
2012	497.79	8.74	3207.54	56.33	2105.54	34.93

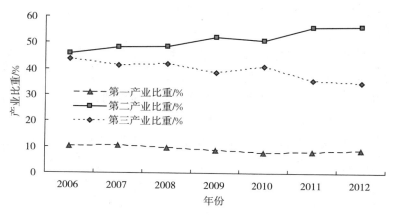

图 2-4　合肥经济圈第一和第二产业比重变化

（3）合肥市对其他城市的辐射作用显著增强

作为合肥经济圈的中心城市，合肥市近年来发展迅速，在经济圈中的引领作用进一步增强，对圈内其他各市的辐射带动能力明显提高。"十一五"以来，经历区划调整，合肥市经济总量从 2006 年的 1073.76 亿元增长到 2012 年的 3797.68 亿元（此处巢湖市仅包含巢湖市区、庐江县的数据），增长了 2.54 倍，年均增长 36.24%。经济总量在经济圈中所占比重从 2006 年的 49.96% 增加到 2012 年的 66.69%，上升了 16.73 个百分点。

从产业发展和结构水平看，合肥市的产业结构明显优于圈内其他城市。目前在经济圈内，合肥市在汽车及零部件、家电制造业、平板显示和电子信息产业、食品及农副产品加工，以及光伏和新能源等战略性新兴产业等方面具有明显优势。合肥市已经构建具有竞争力的现代产业体系，在企业创新发展过程中，坚持引导和支持创新要素向企业集聚，大力实施高端人才引进战略，企业创新能力明显提升。经济圈内其他城市则积极为合肥市进行产业配套或承接合肥市产业转移。

（4）经济圈一体化进程逐渐加快

合肥经济圈合作机制基本形成。通过强化合作互动，共享发展机遇，实现互利共赢。近年来，合肥经济圈各成员城市之间的合作意识进一步强化，继续凝心聚力，加快一体化建设进程。合肥经济圈城市党政领导多次会商召开专题会，各市的党政领导会商制度、职能部门的部门联席会议制度基本形成。一体化合作涵盖交通基础设施、产业合作、市场体系建设、体制机制建设和大气污染联防联治等五大领域的专题推进，增强了合肥经济圈成员城市全面合作的信心和动力,而城市间更加深度的合作,将建成区域经济圈一体化。

通过制定实施一体化规划,推进经济圈建设。总体规划及多个专项规划均已编制完成,如《合淮同城化总体规划》《合淮工业走廊规划(2010—2015)》等具体规划也陆续出台。基础设施配套建设加快。新桥机场已经建成使用,围绕机场的空港新城也在积极谋划推进。合淮阜、合六叶高速、环巢湖公路、合肥铁路枢纽南环线和南客站、阜六铁路、淮蚌高速、合肥港综合码头、派河码头等水陆空立体交通体系初步建立。此外,合肥经济圈内城市轨道交通、统一区号、直购电试点和引大别山水源工程等各项工作正在稳步推进。产业一体化取得显著成效。合肥经济圈各市结合自身资源禀赋和产业发展特点,在产业链打造、产业转移承接、园区建设、旅游资源开发等方面,积极加强合作,推进产业一体化。合肥的江汽、安凯等汽车企业与六安、桐城等地的汽车零部件企业携手合作,积极拓展汽车产业链条。六安、桐城、定远积极承接合肥的化工、制造等产业。目前经济圈已经建成了多层级的、立体的合作机制,一体化规划框架基本建立。

2.3　合肥经济圈总体功能定位

2.3.1　国家层面

包括全国重要的科教基地、能源基地和区域性交通枢纽;国家承接产业转移示范区和自主创新示范区。

2.3.2　区域层面

包括安徽省参与泛长三角区域合作的核心区;泛长三角区域重要的科技创新基地;长三角西向发展的门户,与武汉城市圈、中原城市群、昌九城镇群、长株潭城市群等竞争合作,实现中部崛起战略。

2.3.3　省域层面

包括安徽崛起的战略增长极;安徽进一步对外开放的门户区;安徽新型工业化和科学城镇化的重要承载地;安徽创新型建设和区域合作的示范引

领区;拥湖临江、依山傍水、宜居宜业、和谐创新的生态型城镇群。

2.3.4 经济圈五市功能定位

为促进合肥经济圈整体发展、形成合力,努力实现跨越式发展,对各个城市提出相应的功能定位要求(表2-3)。

表2-3 合肥经济圈整体发展对各个城市提出的功能要求

城市	功能主体	功能要求
合肥	一枢纽 三中心 四基地	安徽省省会,国家区域性交通枢纽,全国重要的科研教育基地、现代制造业基地、科技创新及高新技术产业化基地和现代服务业基地,区域旅游会展中心、商贸物流中心、金融信息中心。合肥经济圈建设的发动机、全省加速崛起的增长极和创新极、参与泛长三角区域发展分工的先行区
淮南	三基地 一门户	合肥经济圈的北翼城市,以煤电化产业为主导的国家亿吨煤基地、华东火电基地和安徽省重化工基地,合肥经济圈带动沿淮、辐射皖北的门户
六安	六基地 两门户	合肥经济圈的西翼城市,合肥经济圈生态环境良性发展的保证,合肥经济圈加工制造配套基地、冶金工业转移承接基地、农特产品生产供应基地、科技成果转化试验基地、人力资源输出基地、休闲旅游度假基地,合肥经济圈西向发展门户和陆路交通门户
巢湖	五基地 两门户	合肥经济圈的东翼城市,合肥经济圈重化工基地、建材及新材料基地、农副产品加工供应基地、旅游休闲度假基地、劳务基地,合肥经济圈东向发展门户和水上交通门户
桐城	五基地 一门户	合肥经济圈的南翼城市,合肥经济圈产业配套承接基地、文化旅游基地、农特产品加工供应基地、科技成果转化实验基地、产学研合作基地,合肥经济圈联动沿江、辐射皖西南的门户

合肥在安徽省内城市首位度较高,完全有条件、有能力成为经济中心,要以科技发展带动经济产业,制定建设规划,并处理好与长三角城市之间的关系,努力建设成区域中的特大城市。充分利用科教示范城优势,增强对周边地区的吸引力,通过向周边地区提供更多科技服务,增加人才交流、合作往来乃至经济科技间的协作,以此吸引和带动周边地区共同发展进步。

淮南市目前还是单一的资源型城市,要借助煤炭资源丰富的优势,大力发展经济,同时又要做好资源利用规划,不断完善资源开发方面的配套设施建设,确保资源的可持续利用。以融入合肥经济圈为手段,把握发展机遇,借力经济圈经济、科技、服务水平的提高实现自身的发展。对矿区环境进行综合整治,特别是那些污染较为严重的传统矿区,做好采煤塌陷区的生态修复工作,做到开发与治理并重,大力发展煤炭循环经济。以交通为重点,完善基础设施,促进区域内的联系与融合。区域合作,交通先行,不断完善的基础设施,必将带动区域内的互动。以城市转型为动力,增强城市功能,不断扩大淮南的辐射半径,必须推进城市转型,由单一型的资源型城市转变为综合型的复合型城市。

六安市在环境质量方面有明显优势,在经济规划的同时,要做好环境规划,确保经济、社会、环境协调发展。依托上游五大水库(佛子岭、梅山、龙河口、响洪甸和磨子潭水库),作为省会合肥的水源补给地,建成"国家园林城市",借助宁西、合武等铁路便利的交通优势,着力打造"水城六安"、"绿城六安"和"文城六安"三大城市特色,最终把六安市打造成以"绿"为特色,以"水"为灵魂,自然、社会、人和谐一体的大别山北麓中心城市,发展成为环境优美、交通便捷的宜居城市。同时要融入合肥经济圈,加快建设成鄂豫皖边际地区中心城市,成为泛长三角地区和省会经济圈钢铁、农副产品加工、建材和电力四大产业链的延伸承接基地。

巢湖市的经济、区域服务水平、环境、资源储量因子四项指标来看,均处于中等水平,又因巢湖市区、庐江县在2011年并入合肥市,所以巢湖市要利用自身的优势,为省会合肥市的发展提供支撑。依靠巢湖的独特优势,对巢湖进行整体旅游形象设计,规划环巢湖旅游带,加快建设滨湖城市。以"产业示范区、滨湖新城区、旅游度假区"建设为重点,把融入合肥经济圈与抢抓皖江示范区的机遇紧密结合起来,把握产业转移机遇,加快自身崛起的重要动力。在进行经济建设的同时,对严重污染或破坏整体景观的项目要采取必要的整改措施,在旅游开发中要强化旅游文化内涵,强化保护意识,力求从根本上改变并提高旅游生态环境质量。

桐城市加快打造全省重要的机械制造基地。依托现有机械制造产业基础,巩固提升矿山输送机械、汽车、火车零件等产业,培养发展大型装备制造、数控机床、大飞机配套等其他制造业。加快打造全国知名的包装印制、家纺服装产业基地。丰富塑料、金属、纸张等多样化产品门类,推进产业升级发展,紧盯羽绒产业发展方向,做大做强羽绒产业。加快打造皖中区域新兴物流集散地。加快城市对外道路建设,筹划合安城际铁路和徽州大道延伸至桐城等项目工程。利用鲟鱼、孔城等内湖沟通与长江的联系以及位于引江济巢节点的区位优势,加快港口建设步伐,积极发展新兴物流业。突出"千年文化古城"特色,全力推进中国桐城文化博物馆、宰相府六尺巷重建等重点工程,打造全国有一定影响力的历史文化名城。

2.4 本章小结

合肥经济圈的土地、森林、矿产等自然资源丰富,同时劳动力、交通、区位、基础设施等优势条件具备,为区域经济迅速发展提供条件。根据合肥经济圈功能定位,大别山区生态功能区是合肥经济圈环境良性发展的保证,为了促进区域协调发展和社会公平,建立区域间生态补偿制度十分必要。

第 3 章　合肥经济圈水源地生态补偿

近年来,生态补偿正成为生态与环境经济学研究的重点领域之一。生态补偿已经成为促进生态环境保护的重要经济手段之一,其作用也已得到了较多学者的认可。生态补偿出现了市场贸易、公共支付、政府或集体购买等多种补偿模式,但是由于补偿主体利益和要求复杂多样,所以补偿标准成为生态补偿研究的核心内容。目前,生态补偿的研究集中在生态补偿理论内涵、类型模式、标准、机制等方面,以及典型区域、跨流域、森林资源、水资源、调水工程等生态补偿实证研究。从定量角度对水生态补偿标准的研究主要集中于跨流域、调水工程的补偿总量的估算,如刘晓红、李怀恩等人以水生态恢复成本、防护成本作为补偿依据,定量分析了钱塘江流域、闽江流域和南水北调等水资源补偿的标准;对于经济圈内不同主体功能区水资源补偿标准和运行机制研究还很缺乏。

3.1　水源地概况

3.1.1　大别山水源涵养重要区

大别山水源涵养生态功能区位于河南、湖北、安徽三省交界处,行政区涉及河南省信阳市的 7 个县(市),安徽省六安市、安庆市的 6 个县以及湖北省黄冈市和孝感市的 7 个县,面积为 30455km²。该区属亚热带季风湿润气候区,植被类型主要为北亚热带落叶阔叶与常绿阔叶混交林,在该区域内发挥着重要的水源涵养功能,是长江水系和淮河水系诸多中小型河流的发源地及水库水源涵养区,也是淮河中游、长江下游的重要水源补给区;同时该区属北亚热带和暖温带的过渡带,兼有古北界和东洋界的物种群,生物资源比较丰富,具有重要的生物多样性保护价值。主要生态问题:原生森林生态系统结构受到较严重的破坏,涵养水源和土壤保持功能下降,致使中下游洪涝灾害损失加大,栖息地破碎化,生物多样性受到威胁。生态保护主要措施:大力开展水土流失综合治理,采取造林与封育相结合的措施,提高森林水源涵养能力,保护生物多样性;鼓励发展生态旅游,转变经济增长方式,逐步恢复和改善生态系统服务功能。

3.1.2 安徽省大别山水源地

安徽省大别山区覆盖六安市的金安区、裕安区、霍山县、霍邱县、金寨县、舒城县和安庆市的岳西县、潜山县、宿松县、太湖县共 10 个县(区),区域面积 2.36 万 km^2,占全省总面积的 16.9%;总人口 805.7 万人,占全省总人口的 13.5%。六安是皖西大别山地区中心城市,五大水库及其上游是合肥、淮南和六安工农业生产和人民生活的重要水源地,地表水资源年均总量约 100 亿 m^3。据统计,目前年均实际供水量约 28 亿 m^3,调出市外近 4 亿 m^3,其中供合肥市居民用水约 1.5 亿 m^3。东西淠河、淠河总干渠是重要的输水通道。

皖西境内的大别山生态系统保护完好,是重要的饮用水源地。淠河引水工程是淠史杭灌溉工程的重要组成部分,合肥市处于淠河灌区下游。据水库管理处统计,进入合肥市的年均引水量为 6.5 亿~7.0 亿 m^3,有效耕地灌溉面积达 15.33 万 hm^2。

皖西大别山区是合肥市的主要供水水源地。合肥市目前从淠河干渠引上游四大水库水量约占合肥市区引水总量的 90%。董铺、大房郢水库的补水也由淠河干渠引入。

水资源供给问题一直是影响合肥市城市发展的重要因素。随着城市规模的进一步扩大,城市饮用水的矛盾越来越突出,水源地保护已成为合肥市经济、社会可持续发展的重要课题之一。水源地保护与水源地城镇经济社会发展有着密切的联系,二者的矛盾也越来越突出。城市居民生活水平与水源地城镇居民生活水平的巨大差异严重阻碍了城市的水源地保护,因此合肥市水源地的保护研究不能"为保护而保护",而必须将水源地保护与当地城镇的经济社会发展结合起来,既要解决城市发展对水源地保护的要求,又要充分考虑水源地城镇的经济社会发展要求,以促进城市的可持续发展及城乡协调发展。

3.1.3 合肥市水源地概况

合肥市主要饮用水源地是巢湖、大房郢水库、董铺水库及通过淠史杭干渠输水的佛子岭、响洪甸水库等。巢湖是我国五大淡水湖之一,其水质目前已受到严重污染,合肥市现已基本不用其作为饮用水源。

董铺水库为水库型集中式饮用水供水水源,始建于 1956 年,集水面积为207.5km²,设计总库容 1.73 亿 m³,1978 年加高加固后,总库容提高到 2.42亿 m³。设计采水量 20 亿 m³,实际采水量 16.11 亿 m³,采水方式为泵提式供水,为非应急型水源。

大房郢水库为合肥市另一个水库型集中式饮用水供水水源,该水体与董铺水库通过地下涵管连为一体,水库水资源补充。该水库始建于 2001 年12 月 29 日,2003 年 12 月枢纽工程全部完工,并于 2004 年 11 月工程通过验收。大房郢水库集水面积 184km²,总库容 1.84 亿 m³,正常蓄水位 28.0m,兴利库容 0.66 亿 m³,属大型水库,为非应急型水源。

3.1.4 皖西大别山区水源地环境状况

近年来,六安大别山区的佛子岭、梅山、响洪甸、龙河口、磨子潭、白莲崖等六大水库水质面临污染威胁。据环保部门监测,从 2005 年以来,大别山区五大水库水质呈下降趋势,水体中总磷、总氮的浓度呈波动、渐进式增高,个别水库所在的水源地周边地区工农业生产和旅游开发造成的污染是罪魁祸首,山区群众从事种稻、采茶、山场育栗等传统生产,都少不了施用化肥和农药,经过降水或地表径流将残留在土壤和大气漂浮中的化肥农药残留物带进水体,造成污染。水库网箱养鱼是山区群众致富增收的好途径,但网箱密度过大,鱼类排泄物相对集中,加之水流缓慢和鱼饵投放,造成局部水质污染严重。工业生产形成的工业废水排放和渗透也是造成水质下降的重要原因。旅游开发的力度和规模越大,集聚人类活动越多,水上交通越频繁,产生的生活垃圾和排放的污染物也就越多,对水质造成的影响力也就越大。

六安市委、市政府始终把加强生态环境保护、保障群众饮水安全摆在重要战略位置,把保护水资源写进环境保护目标责任书,一年一考核。自 2000年建市以来,全市集中财力、人力、物力,先后对淠河总干渠城区段、老淠河城区段进行了综合整治;关闭了六安造纸厂、淠河化肥厂等污染企业,拆除水上船只,清理了河道和沿河排污口;启动了《六安库区饮用水源保护和周边环境质量提升工程三年行动计划（2011—2013 年）》，对六大水库及饮用水源上游环境进行综合整治。

3.1.5 皖西大别山区水源地生态补偿情况

六安市政府将大别山区纳入"国家生态补偿试点地区"，先行先试，加大中央、省财政转移支付力度。建议参照新安江流域生态补偿机制的做法，建立并完善大别山区域水源保护生态环境补偿机制，从资金、项目上给予补偿支持，加大水源地生态环保投入，促进区域生态保护和经济发展。

为减轻大别山区的环境压力，专家建议将六安六大水库，总干渠周边及上游的居民生活污水，垃圾治理工程统筹考虑，由省环保给予项目支持，争取"十二五"期间把库区周边的所有集镇治理完毕。继续做好六安六大水库、淠河总干渠周边和上游地区的现有工业项目达标排放的动态监控。在开辟库区农民新的经济收入门路的前提下，控制并逐年减少库区网箱养鱼，直至达到"网箱养鱼面积占水域面积不能高于 3%"的要求，省里给予农业项目支持替代农户网箱养鱼。加快推进六安城区和金寨、霍山、舒城等地城镇未达标污水处理设施的升级改造。

据初步统计，2011—2012 年，省级财政共安排六安大别山区农村环境连片整治等专项资金 2.32 亿元，主要用于支持农村饮用水水源地保护、农村生活污水和生活垃圾处理、畜禽养殖污染防治、农村工矿污染治理、区域水环境综合整治和农村环境综合整治等方面，为大别山区生态环境质量改善提供了强有力的资金保障。今后省财政将会同省环境保护厅对六安大别山区库区周边和上游乡镇污水处理项目继续予以积极支持和重点倾斜。

2014 年，按照"谁受益、谁补偿，谁破坏、谁承担"的原则，省政府在六安市与合肥市之间，以保护水质为目的，以淠河总干渠罗管闸断面水质监测结果为依据，建立大别山区（淠河流域）水环境生态补偿机制，对流域上下游地区经济利益关系进行调节。

大别山区（淠河流域）水环境生态补偿资金暂定为 2 亿元，其中省财政出资 1.2 亿元，上游六安市出资 4000 万元，下游合肥市出资 4000 万元。确定考核的依据为《地表水环境质量标准》（GB3838—2002）中高锰酸盐指数、氨氮、总氮、总磷四项指标，以 2011—2013 年连续三年的平均值为基本限值，测算补偿指数。补偿资金使用按照"治理为主、治管并重"的原则，专项用于淠河流域水环境保护和水污染治理。2014 年 10 月 10 日，省政府召开专题会，专题研究大别山区水环境生态补偿办法、补偿资金安排等事宜；11月6日，省财政厅、省环保厅联合印发了《安徽省大别山区水环境生态补偿办法》；12月5日，省财政补偿资金到位，标志着大别山区（淠河流域）水环境生态补偿工作正式实施。

虽然皖西大别山区水源地生态补偿政策开始启动，但生态补偿标准缺少科学依据，在此以合肥经济圈水源区为例，依据生态服务价值理论，结合水权分配和经济发展水平，对水资源生态补偿的标准和运行机制进行研究，为合肥经济圈的可持续发展提供一定的参考依据。

3.2　研究方法和数据来源

从水源地生态环境保护成本角度看，水源地需要进行植树造林、退耕还林、治理水土流失等工作，对这些工作的具体支出成本费用进行计算，即可得到水源地生态补偿的具体标准。同时水源地为了避免对水源的环境污染而限制了部分产业发展，通过估算机会成本的大小，作为水源地生态补偿的最高标准范围。采用受水区城市居民支付意愿来计算水源地生态补偿的最低标准范围。具体估算过程如图3-1。

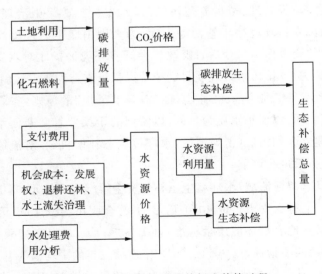

图3-1　水源地生态补偿标准估算过程

3.2.1 支付意愿法

支付意愿法,即根据受水区居民支付意愿价格来确定水资源的价值,作为水源地补偿费用的标准。一般消费者通常会选择较低的一个标准来支付补偿,支付意愿值就作为水源地生态补偿最低标准。

支付意愿的补偿标准采用受水区居民支付意愿价格与该区人口的乘积获得,计算公式为:

$$P = WTP_u \times POP_u \tag{3-1}$$

式(3-1)中:P 为水源地生态补偿的标准,WTP_u 为受水区居民支付意愿的价格,POP_u 为受水区总人口。

3.2.2 机会成本法

由于自然资源有多种用途,但价值使用是有限的。机会成本法是指当自然资源选择了某一种用途就会使作为其他用途价值的机会丧失,也就失去了发挥其他相应价值的机会,在其他用途中最大的经济价值就是该资源价值的机会成本。所以,水源地为保护水资源而损失的机会成本估算由以下三部分组成:

$$P = L_1 + L_2 + L_3 \tag{3-2}$$

式(3-2)中,P 为补偿的数值;L_1 发展权损失;L_2 退耕还林损失;L_3 水土流失治理成本/年。

(1)发展权损失。发展机会法是采用参照地区居民的人均可支配收入与水源地区域人均可支配收入对比,估算出与参照地区居民收入水平的差异,由此反映发展权的限制而造成的经济损失,作为生态补偿的参考依据。具体补偿的测算如下:年补偿额度=(参照区域的城镇居民人均支配收入-水源地区域城镇居民人均可支配收入)×水源地区域城镇居民人口+(参照区域的农民人均纯收入-水源地区域农民人均纯收入)×水源地区域农业人口。本文中的参照地区为合肥市,水源地区域为霍山县和金寨县。

(2)退耕还林损失。退耕还林损失计算式为:

$$S = N \times P \tag{3-3}$$

式(3-3)中,S 为退耕还林损失(万元/年);N 为区域退耕还林坡耕地面积;P 为国家每年退耕还林补偿成本。

(3)水源地水土流失治理成本。根据每 km² 水土流失面积的治理成本，以及区域水土流失治理时间，计算六安市和巢湖市的水土流失造成的最小经济损失为：

$$S=(L\times P)/T \tag{3-4}$$

式(3-4)中，S 为水土流失造成的最小经济损失（万元/年）；L 为水土流失面积；P 为每 km² 治理成本；T 为水土流失治理所用时间。

3.2.3 费用分析法

费用分析法就是依据水源地水处理费用来确定生态补偿的标准。根据《地表水环境质量标准》要求，如果金寨县和霍山县的水源地提供水资源的水质达到国家《地表水环境标准》的Ⅲ类，则皖西等水源地与合肥市受水区都不需要资金补偿，如果水质好于Ⅲ类标准，则合肥市受水区需要对皖西等水源地提供资金补偿，而水质劣于Ⅲ类标准，则皖西等水源地要对合肥市受水区进行补偿。计算式为：

$$P=Q\times C_c\times\alpha \tag{3-5}$$

式(3-5)中，P 为补偿额（$P>0$，即受水区补偿给水源地的资金额，$P<0$，即水源地补偿给受水区的资金额）；Q 为调配水量；C_c 为水处理费用或污水处理成本；α 是判定系数。水质为Ⅰ、Ⅱ类时，$\alpha=1$；水质为Ⅲ时，$\alpha=0$；水质为Ⅳ、Ⅴ类或劣于Ⅴ类时，$\alpha=-1$。

以式(3-1)～式(3-5)计算的相关数据来源于相关年份的安徽省统计年鉴、六安市统计年鉴和巢湖市统计年鉴。

3.2.4 皖西大别山五大水库生态系统服务功能价值估算

水生态系统服务功能是指水生态系统及其生态过程所形成及所维持的人类赖以生存的自然环境条件与效用。根据水生态系统提供服务的消费与市场化特点，可以把水生态系统的服务功能划分为具有直接使用价值的产品生产功能和具有间接使用价值的生命保障系统功能两大类，产品生产功能是指水生态系统提供直接产品或服务，以维持人的生活、生产活动的功能；生命保障系统则是指水生态系统维持自然生态过程与区域生态环境条件的功能。结合皖西大别山五大水库水生态系统特征及基础数据资料的可收集性，我们将其水生态系统服务功能划分为2大类8小类进行评价（表3-

1),即工农业及生活供水、水产品生产、水力发电、内陆航运、休闲娱乐文化等5项直接使用价值的功能;调蓄洪水、水资源蓄积、生物栖息地等3项间接使用价值的功能,采用的评价方法如表3-1。市场价值法适用于没有费用支出但有市场价值的环境效应价值核算。费用支出法以人们对某种环境效益的支出费用来表示该效益的经济价值。替代工程法是指用人工建造一个工程来代替原来或被破坏的生态系统服务功能,用建造新工程的费用来估算原来生态系统的服务功能价值的一种方法。

表3-1　皖西大别山五大水库生态系统服务功能评价指标体系与方法

服务功能	评价指标	评价功能量	服务价值计算方法
直接使用价值	供水(V_1)	工农业生产用水 生活用水	市场价值法
	水产品生产(V_2)	渔业生产	市场价值法
	水力发电	水库发电量	市场价值法
	内陆航运(V_3)	客货量	市场价值法
	休闲娱乐	旅游收入	费用支出法
间接使用价值	调蓄洪水(V_4)	调蓄量	替代工程法
	水资源蓄积(V_5)	水库蓄积量	替代工程法
	生物栖息地	生物多样性维持	替代工程法

皖西大别山五大水库生态系统服务功能价值具体评估方法如下:

(1)供水价值。皖西大别山五大水库水资源丰富,担负着周边许多地市工农业生产及生活用水供应。供给功能价值采用市场价值法进行评估,计算公式为:

$$V_1 = \sum A_i \times P_i \qquad (3-6)$$

式(3-6)中,V_1是水资源供给功能价值;A_i是第i种水的供给量,P_i是第i种水的市场价格。

(2)水产品生产价值。六安市五大水库水产品资源丰富包括鱼类、甲壳类、贝类;水生态系统的水产品评估的价值公式为:

$$V_2 = \sum U_i \times P_i \qquad (3-7)$$

式（3-7）中，V_2 是水产品的价值；U_i 是第 i 种物质的产品量；P_i 是第 i 种物质的市场价格。

（3）内陆航运价值。六安市五大水库建成后，库区常年通航，完善了山区的交通，提高了城乡物质交流水平。20 世纪 70 年代以前，水库航运是库区最主要的交通形式，但是随着公路交通的发展，航运比重逐年降低。河流航运功能计算公式为：

$$V_3 = G \times P_g + F \times P_f \qquad (3-8)$$

式（3-8）中，V_3 是水库的航运价值；G 是水路旅客周转量；P_g 是客运价格；F 是水路货运周转量；P_f 是货运价格。

（4）调蓄洪水价值。调蓄洪水功能价值利用替代工程法进行计算，计算公式为：

$$V_4 = \sum R \times P_c \qquad (3-9)$$

式（3-9）中，V_4 是调蓄洪水价值（元）；R 是水库调蓄洪水能力（防洪库容 m^3）；P_c 是单位储水价值，水库蓄水成本取 0.67 元 $/m^3$。

（5）水资源蓄积价值。水资源蓄积功能价值利用替代工程法进行计算，计算公式为：

$$V_5 = \sum K \times P_c \qquad (3-10)$$

式（3-10）中，V_5 是水资源蓄积价值（元）；K 是水库年末水资源蓄积量（m^3）；P_c 是单位储水价值，水库蓄水成本取 0.67 元$/m^3$。

水力发电、休闲娱乐这两项价值根据市场价格、旅游收入进行估算，水体和湿地提供生物栖息地的价值参考前人标准（Costanza 等人的研究成果，沼泽或泛滥平原提供栖息地或避难所这一服务功能的年生态效益为 439 美元$/hm^2$）进行估算。

皖西大别山五大水库生态系统服务功能价值评估以 2010 年为评价基准年份，收集五大水库的生活及工农业供水、水力发电、内陆航运、水产品生产、旅游等各类调查统计数据，数据来源包括《2010 年安徽省水资源公报》《2011 年安徽省水利年鉴》《安徽省第一次水利普查公报》《2011 年安徽省统计年鉴》《2011 年六安市统计年鉴》《2011 六安市水资源公报》《六安市城市总体规划（2008—2030）》《六安市十二五国民经济和社会发展规划纲要》以及安徽省水利厅、淠史杭管理局、六安市水利局、六安市物价局等部门提供和公布的数据。另外,对水库景点旅游人数及消费支出等数据采取实地抽样调查获得。

间接使用价值包括环境能够提供的效用来支持目前的生产和消费活动的各种功能中间所能获得的效益。间接使用价值评价的基本数据来源于2011年安徽省水利年鉴(表3-2)。

表3-2　皖西大别山五大水库水资源量　　　(单位:亿 m²)

水库名称	佛子岭	磨子潭	梅山	龙河口	响洪甸
总库容	4.91	3.47	22.62	9.03	26.32
兴利库容	3.48	1.37	9.57	4.66	9.97
防洪库容	1.56	1.91	10.65	3.03	13.86
2010年蓄水量	2.39	1.22	11.41	4.01	10.35

3.3　水资源生态补偿标准分析

3.3.1　支付意愿法的生态补偿标准

一般来说,经济发展水平较高的区域,受水区居民愿意支付水资源方面的费用和标准均会相应较高。据本课题问卷调查结果显示,77.5%水源地的农民认为水资源生态补偿标准由水费价格或经济发展水平而定,所以水资源生态补偿的支付意愿与区域经济发展水平(人均GDP)紧密联系。根据前人的调查结果,石家庄市平均支付意愿标准为22元,根据合肥市和石家庄市的相对经济发展水平(两市2007年人均GDP之比乘以22元,即为24.06元),确定合肥市最大支付意愿为24.06元。据调查,皖西大别山水源地近90%的居民愿意此费用由增加水费来缴纳、支付,因为此种方式有保障,不会造成资金流失,便于资金集中与管理。

2007年,合肥市区的人口为198.4万,合肥市地区的水资源的支付意愿为24.06元,因此,六安市和巢湖市受水区生态补偿的总额为4773.5万元/年,其中六安市水源地得到生态补偿为4296.2万元/年(供水量占90%)。

3.3.2 机会成本法的生态补偿标准

（1）发展权损失。作为水源地的响洪甸、佛子岭、磨子潭、白莲崖水库等区域为了保护区域生态环境,限制某些产业而影响了地区经济发展,采用发展机会法估算金寨县（响洪甸水库）和霍山（佛子岭、磨子潭、白莲崖水库）等地区损失的成本。

2007 年,霍山县、金寨县发展权损失成本分别为 5.99 亿元、10.53 亿元（表 3 - 3）。2007 年,合肥经济圈皖西大别山水源地区域应获得的生态补偿标准为 16.52 亿元。此标准没有考虑皖西大别山区为交通不便地区,经济发展条件差,与合肥市区域相比存在较大差距,所以由此估算的标准偏高。所以,具体补偿标准还需要通过实地调研,根据水源地居民实际生活标准和期望值等方面来适当调整。机会成本法估算的生态补偿标准可以作为补偿上限。

表 3 - 3　霍山县和金寨县人口、收入和发展权损失

区域	总人口（万人）	城镇人口（万人）	农村人口（万人）	城镇居民可支配收入（元）	农民居民纯收入（元）	发展权损失（亿元）
合肥市区	198.4	166.4	32	13426.47	4445.41	
霍山县	36.9	5.3	31.6	10709.53	3006.04	5.99
金寨县	65.8	8.3	57.5	10709.53	3006.04	10.53

数据来源:安徽省统计年鉴（2008 年）。

（2）退耕还林损失。从水源地保护和改善生态环境的角度看,退耕还林的开支费用体现在植树种草、恢复植被、退耕耕地农民损失补偿等方面。根据合肥经济圈的实际,生态补偿标准是:每造林 666.67m² 补助种苗费 50 元,每退耕还林 666.67m² 每年补助 210 元（每 666.67m² 产粮食 150kg,按 2007 年粮食收购价格 1.4 元/1kg 计算）,以及造林补助资金 20 元。由此对合肥经济圈生态补偿标准进行计算,2007 年六安市和巢湖市退耕还林面积为 1572hm²,则退耕还林损失为 660.24 万元/年。

（3）水源地水土流失治理成本。区域水土流失使人均耕地减少,对当地居民经济的发展带来了很大的障碍,同时淤积水库,也影响供水水库水源涵养。六安市水土流失情况严重。至 2003 年底统计,六安市和巢湖市水土流失治理面积达 2714.1km²,占区域水土流失面积的 49.9%,未治理的水土流

失面积为 2728.2km²。水土流失的治理成本由植树造林、种草等费用来进行估算。按照前人估算的水土流失治理成本 15 万～33 万元/km²，依据皖西大别山区域地区实际情况，选择类似区域（汉丹江流域）的水土流失花费成本 17.78 万元/km² 来计算，根据安徽生态省建设和安徽省土地利用总体规划的要求，至 2020 年，计划以 17 年作为治理时间，计算六安市和巢湖市的水土流失造成的最小经济损失为 2853.4 万元/年。六安市和巢湖市水土流失治理需要投入的资金约为 2853.4 万元/年，由此得到水源地水土流失治理成本估算。

由此，以上三项为水源地保护水资源生态而损失的机会成本，即 16.35 亿元，此为生态补偿的上限。

3.3.3　费用分析法的生态补偿标准

目前合肥城市污水处理的成本大约在 0.6～1.756 元/吨，合肥市居民生活用水污水处理费分别为 0.76 元/吨，而非居民目前收取的污水处理费用范围为 0.795～1.765 元/吨，在此取平均值 1.28 元/吨。目前作为合肥城市主要水源地的淠河总干渠及其上游四大水库（占取水量的 90%）多年水质为Ⅱ类水，水质均较好。六安出境的水质均保持在Ⅱ类，因此，自六安调水的 $\alpha=$ 1。据统计资料显示，2007 年合肥市供水总量为 24680.8 万 m³，市区人口为 198.4 万，人均居民用水量为 93m³/年，市区居民生活总用水量为 18451.2 万 m³，工业和农业用水量为 6229.6 万 m³，由此可以计算出 2007 年合肥市为水源地生态补偿额为 2.1997 亿元。其中，六安市供水占 90%，按费用法可获得的补偿总额为 1.9797 亿元。采用污水处理成本替代水源地的各种防护成本，所以此方法简单易行，对水源地区域生态补偿标准估算是合理的。

3.3.4　生态补偿标准的比较

从三种补偿标准的比较可以看出，基于水源地机会成本的生态补偿标准是对水源地供水方利益损失的估算，基于支付意愿的生态补偿标准是根据受水区的支付愿望而确定的，由此得到的补偿标准是"买方"提出的价格，而由水资源供给区的机会成本计算的补偿标准是"卖方"提出的价格标准，这体现了补偿主体与客体各自的愿望和利益需求。基于费用的补偿标准与基于支付意愿的补偿标准较为接近，与供给方机会成本的标准存在较大的差异，但基于费用法的补偿标准较能真实反映水源地生态保护的直接经济价值，对生态补偿标准实施来说是比较符合实际的。

3.3.5 皖西大别山五大水库生态系统服务功能价值

水生态系统不仅提供了维持人类生活和生产活动的基础产品，还具有维持自然生态系统结构、生态过程与区域生态环境的功能。如何协调水资源的直接利用和维持水的生态服务功能已成为当前水资源管理所面临的挑战。因此，定量评价水生态系统的服务功能，有助于全面认识水资源价值，科学合理地利用水资源，将水资源的利用达到生态效益和经济效益最优化，对建立生态补偿机制、指导水资源开发利用与保护具有重要作用。水生态系统服务的价值评估研究已经成为生态学和资源环境经济学等研究的热点和前沿之一。国内外学者已在湖泊、河流、湿地、流域、区域、国家等不同尺度上就水生态系统提供的各种服务功能及其价值进行了探索。

皖西大别山位于我国北亚热带向暖温带、湿润地区向半湿润地区过渡地带，是长江和淮河两大水系的分水岭。2011年颁布的《全国主体功能区规划》中，大别山区列为国家二十五个重点生态功能区之一。大别山区降水量丰富，多年平均降水量为900～1600mm，水源充足。地表水资源多年平均60.0亿 m³。丰富的地表水资源使大别山成为周边地区十分重要的水源涵养地。淠史杭灌区是新中国成立后兴建的三个特大型灌区之一。灌区的佛子岭、磨子潭、梅山、响洪甸、龙河口等五大水库担负着安徽、河南两省4市17个县区的农业、工业和城乡居民生产生活供水的重任，优质的水源是1330万人的生命之源，尤其是安徽省六安、合肥、淮南等大中城市最重要的水源地（图3-2）。运用自然资源经济价值评价方法，结合基础数据资料的可收集性，对皖西大别山五大水库生态系统部分服务功能的经济价值进行定量评价，以期为皖西大别山水源地生态环境保护及生态补偿机制的建立提供科学依据。

（1）供水价值。根据2010年安徽省水资源公报，六安市供水总量为29.78亿 m³，其中农业用水（含灌溉、林牧渔畜用水）23.96亿 m³、工业用水3.47亿 m³、城镇居民生活用水（含城镇公共、生态环境用水）2.35亿 m³。依照2002年安徽省政府办公厅38号文件规定，农业灌溉用水价格为0.056元/m³，工业用水和居民生活用水分别按照六安市基本水价1.65元/m³和1.20元/m³计算。依据公式可计算出五大水库的供水价值为9.89亿元。另外，目前合肥市每年从大别山五大水库买水，供水价格为0.232元/m³，年供

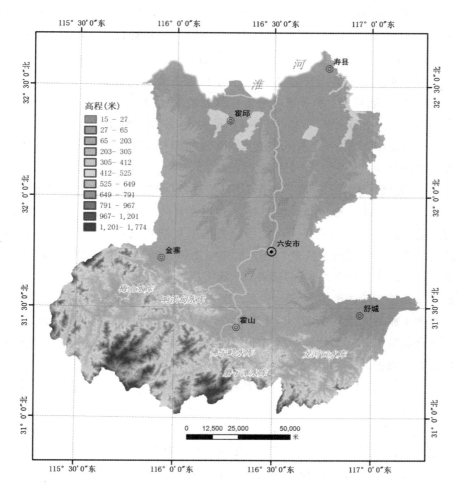

图 3-2　皖西大别山区五大水库分布位置

应量 2.5 亿 m³，共计 0.58 亿元。两者合计供水总价值为 10.47 亿元。

（2）水产品生产价值。六安市五大水库水产品资源丰富，包括鱼类、甲壳类、贝类。根据 2011 年六安市统计年鉴，六安市 2010 年水产品总量为262400 吨，其中水库为 29627 吨（主要为五大水库），六安市淡水鱼类产品的平均价格为 8 元/千克，可计算出五大水库水产品的价值为 2.37 亿元。

（3）水力发电价值。皖西大别山区五大水库总装机为 14 万千瓦，年发电4 亿千瓦时。水电的影子价格取 0.4 元千瓦时，则五大水库水力发电的总价值为 1.60 亿元。

（4）内陆航运价值。六安市五大水库建成后，库区常年通航，完善了山区的交通，提高了城乡物质交流水平。20世纪70年代以前，水库航运是库区最主要的交通形式，但是随着公路交通的发展，航运比重逐年降低。由于五大水库缺乏航运统计数据，加以六安市航运主要发生在五大水库地区，所以，以六安市航运统计数据来代替五大水库的航运量。2010年，六安市水运客运周转量为176万人千米、货运周转量为533818万吨千米。客运和货运价格分别采用0.240元/人千米及0.060元/吨千米，故可以计算出六安市五大水库的航运价值为3.21亿元。

（5）提供休闲娱乐价值。水作为"自然风景"的"灵魂"，其旅游服务功能巨大，同时，作为一种独特的地理单元和生存环境，水生态系统对形成独特的传统和文化类型影响很大。该部分价值采用费用支出法，即以旅游费用的实际支出为尺度进行衡量。五大水库中由于龙河口水库（即万佛湖景区）是国家4A级大型旅游景区，因此，以景区旅游收入统计数据计算，2010年该景区共接待境内外游客66.27万人次，旅游综合收入为1.65亿元；其他四个水库年旅游人数约15万人，水库景点门票价格为10元，另按每人吃住行等正常消费约200元计算，旅游费用支出为0.32亿元，则五大水库合计旅游休闲娱乐价值为1.97亿元。

（6）调蓄洪水价值。五大水库防洪总库容为31.01亿 m^3，可计算出调蓄洪水功能价值 V_6 为20.78亿元。

（7）水资源蓄积价值。水资源蓄积功能价值利用替代工程法进行计算。根据淠史杭灌区2010年第三期水情信息，五大水库2010年蓄水量为29.38亿 m^3，可计算出水资源蓄积功能价值为19.68亿元。

（8）生物栖息地。各种水体与湿地是地球上最重要的野生生物的栖息地或避难所，对维持生物多样性具有重要作用。目前缺乏对水生态系统提供栖息地功能价值的有效评估。根据Costanza等人的研究成果，沼泽或泛滥平原提供栖息地或避难所这一服务功能的年生态效益为439美元/hm^2，折合人民币2997.27元/hm^2（以100美元兑换人民币682.75元计，2010年），五大水库水面总面积约为169.4km^2（2011年影像Rapid eye，分辨率5m），则五大水库提供栖息地或避难所这一项服务功能的年生态效益为0.51亿元。

运用市场价值法、费用支出法、替代工程法等资源环境经济学的评价方法，对皖西大别山五大水库生态系统服务功能价值进行评估，总价值为

60.59 亿元,其中直接使用价值为 19.62 亿元,占总价值的 32.41%;间接使用价值为 40.97 亿元,占总价值的 67.59%(表 3-4)。

表 3-4 皖西大别山五大水库水资源生态服务价值构成

功能类型	价值量(亿元)	比例(%)	功能类型	价值量(亿元)	比例(%)
供水	10.47	17.29	调蓄洪水	20.78	34.32
水产品生产	2.37	3.91	水资源蓄积	19.68	32.51
水力发电	1.60	2.64	生物栖息地	0.51	0.76
内陆航运	3.21	5.30			
休闲娱乐	1.97	3.25			
直接使用价值	19.62	32.41	间接使用价值	40.97	67.59

2010 年,皖西大别山五大水库生态系统服务功能的价值评价结果表明,水生态系统的服务功能总价值为 60.59 亿元,占当年六安市国内生产总值(676.1 亿元)的 8.95%。由此可见,皖西大别山五大水库在区域经济社会生态等方面具有十分重要的作用。

从服务价值构成来看,直接使用价值占总价值的 32.41%;间接使用价值占 67.59%,间接使用价值是直接使用价值的 2.09 倍,这说明五大水库生态系统服务价值主要体现在间接使用价值上。在所评价的 8 种功能价值中,按照价值量大小,依次为:调蓄洪水>水资源蓄积>供水>内陆航运>水产品生产>休闲娱乐>水力发电>生物栖息地功能,基本上反映了目前五大水库生态系统的特点和服务功能的价值特征。

在水生态系统的间接价值中,调蓄洪水功能的价值构成比例最高,达 20.78 亿元,占总服务功能价值的 34.32%,比直接使用价值的总量还大。这说明五大水库生态系统在防御洪涝灾害方面具有极其重要的作用,也是作为防洪灌溉建设的初衷。

水资源蓄积功能价值大是五大水库的服务功能价值构成的又一个显著特点,占总服务功能价值的 32.51%。由此可见,皖西大别山作为安徽省重要水源保护地,五大水库承担着特别重要的作用和地位。

水生态系统提供给人类的福利价值非常巨大,是区域可持续发展的重要生态支撑系统。本研究采用的价值量法评估水库水生态系统服务功能,所得结果是货币值,便于引起人们对水库水生态系统服务功能的足够重视,促进水生态系统服务的持续利用与管理,易于与环境核算体系相结合,将其纳入国民经济核算体系。同时,对水源地生态补偿机制的建立也具有重要参考依据。需要指出的是,水生态系统是一个动态的、复杂的系统,对其服务功能的评价是一项非常复杂的工作。由于基础研究的局限和评估方法的不完善,加上数据可获得性的限制,因此,本研究是对皖西大别山五大水库生态系统服务价值进行的初步研究成果,存在着服务功能评价不完全问题,如在间接使用价值估算中忽略了水质净化、固碳释氧等价值;另外,对非利用价值如存在价值、遗产价值等也未考虑。所以,我们的估算结果应该是皖西大别山五大水库生态系统服务价值的最低值,对价值的评估也只是保守的估计。但即使这样一个评估也还是有助于人们对其生态系统价值的了解,为生态环境保护政策的制定和生态补偿机制的建立提供参考依据。

3.3.6 水资源生态补偿机制和政策建议

(1)开展生态补偿的基础研究

加强对生态补偿有关的法规、规章和规范性文件进行梳理,为建立生态环境补偿机制提供法律依据;构建适合合肥经济圈水源地生态环境建设和保护的投入、财政、税收、收费、资源使用等制度,形成水生态补偿制度框架。

(2)加强政府调控作用

加强水利部门具体负责水生态补偿的管理、组织和指导,合肥经济圈相关职能部门负责建设合肥经济圈水源地区域与受益区域之间的协调,由地方政府建立和完善多部门协调配合、分工明晰、责权统一的管理体制。使用资源税、水费、政府财政补贴等经济杠杆,调节水资源价格,构建以政府调控和市场交易的水价调控体系。同时,由环保部门定期监测水源地水质变化,便于对水处理费或污水处理成本的及时估算,为制定补偿标准提供科学依据。

(3)构建多种补偿方式

生态补偿形式多种多样,包括政策补偿、制度补偿、实物补偿、资金补偿、技术补偿等。合肥经济圈的功能区之间的补偿除资金、实物外,还可以采取绿色产业带动合作、提供人才技术支持、制定相关的优惠政策等多种方式,以促进水源地地区经济的发展。

(4)开展生态补偿机制的创新研究

生态补偿在加强政府的调控作用的同时,发挥市场灵活机制的作用。

如合肥经济圈水源地生态建设具有资金密集性,生态工程具有综合性,需要多样化的融资渠道、多元化的投资主体。在增加财政投入的同时,还应当完善投资机制,拓宽投资渠道,通过市场机制吸引社会资金发展生态产业。另外,根据市场的环境资源价格,建立环境资源税费制度和调控体系,通过环境税费的征收,设立"水源地生态补偿与建设基金",优化资源配置;积极探索建立生态破坏保证金(或抵押金制度),建立基于市场经济背景下的激励与约束机制,促进合肥经济圈水源地的保护。

3.4 本章小结

生态补偿标准的确定是建立生态补偿机制的核心问题。以合肥经济圈水源地为例,采用支付意愿法、机会成本法和费用分析法计算生态补偿标准。研究结果显示:基于意愿支付价格的补偿标准为4773.5万元,基于机会成本的补偿标准为16.35亿元,基于水资源处理费用补偿标准为1.9797亿元。水资源处理费用补偿标准是补偿双方都比较容易接受的实际价格,可作为确定补偿标准的依据,在此基础上,提出合肥经济圈水源地水资源生态补偿机制和政策建议。

皖西大别山五大水库生态系统服务功能的总价值为60.59亿元(2010年),占当年六安市国内生产总值的8.95%。其中,直接使用价值为19.62亿元,占总价值的32.41%;间接使用价值为40.97亿元,占总价值的67.59%。调蓄洪水和水资源蓄积的功能价值构成比例高,分别为34.32%和32.51%,说明五大水库在防御洪涝灾害和涵养水源方面具有极其重要的作用。

第4章 合肥经济圈碳排放效应及生态补偿

4.1 合肥经济圈土地利用变化的碳排放效益

人类活动大量排放 CO_2 等温室气体形成的温室效应是气候变暖的根源,因此目前碳排放研究已成为一个热点问题。在陆地生态系统中,碳汇功能体现在碳库的贮量和积累速率,碳源体现在碳的排放强度;基本碳库包括植被活体、残体和土壤部分,基本积累过程包括光合作用和土壤碳的吸收,基本排放过程包括植被和土壤的呼吸作用。据估计,全球土壤按 1m 土层计,有机碳的贮量占陆地生态系统碳贮量的 3/4,是植被碳库的近 3 倍;土壤平均每年排放到大气中的 CO_2 约为化石燃料碳排放量的 11 倍,大气 CO_2 贮量的 10%。土地利用变化过程对植被和土壤部分的影响,使植被和土壤碳库贮量积累的过程是碳汇,而使植被和土壤碳库贮量减少的过程是碳源。碳汇受土地利用变化的影响是短期过程,主要碳汇过程是人为活动对土地类型的影响。Caspersen 研究显示,土地利用变化是控制碳积累速率的主导因子。据估计,在过去 150 年间,土地利用变化释放的碳约占同期因人类活动而释放到大气中碳的 33%。因此,土地利用变化是引起陆地系统碳循环过程改变的重要因素。近年来,在工业化、城市化迅速发展的进程中,土地生态系统受到人类活动的较大影响,土地利用的碳排放效益研究对减少碳排放具有重要意义。

目前,国内外有学者已经开展对碳排放的相关研究,如方精云等对1981—2000 年中国陆地植被碳汇进行了总体估算,得出了森林、草地、灌草丛的碳汇能力;柳梅英等研究土地利用/覆盖变化对碳排放的影响;方精云等分析了我国陆地植被碳汇动态变化;徐国泉等进行土地利用的碳排放测算及碳排放因素分解模型研究;李颖等分别对江苏等区域碳排放进行实证分析;王中英等探讨碳排放的影响因素,以及经济增长与碳排放的关系。以上研究有关土地利用变化对生态系统碳汇/碳源的影响的研究逐渐增加,但对碳排放的效益评估和区际生态补偿研究也还很少。本研究通过开展合肥经济圈内各市的碳源和碳汇估算,揭示经济圈内碳排放的空间差异,旨在科学地评价合肥经济圈碳汇量及生态经济价值,为合肥经济圈生态补偿提供一定的科学依据。

4.1.1 本研究范围和概况

合肥经济圈位居省内中心位置,具有承东启西、贯通南北的重要区位优势。本研究中的合肥经济圈范围包括合肥市(瑶海区、蜀山区、庐阳区、包河区、肥东县、肥西县、长丰县)、六安市(金安区、裕安区、舒城县、霍邱县、霍山县、金寨县、寿县)、巢湖市(居巢区、庐江县、无为县、含山县、和县)。合肥经济圈土地面积 $3.44×10^4 km^2$,占全省 24.7%。2006 年,户籍人口 $1603×10^4$ 人,占全省 24.3%;生产总值 $1775×10^8$ 元,约占全省 28.9%。合肥经济圈内资源丰富,六安市是全省最大的林业基地,境内的大别山生态系统保护完好,生态环境优良。

4.1.2 研究方法

(1)碳排放量和强度计算

土地利用变化的碳排放,主要涉及耕地、林地、草地、建设用地,建设用地和耕地为主要碳源,林地和草地为碳汇。耕地类型的碳排放考虑农业生产的 CH_4 排放系数以及对 CO_2 的吸收系数,其差值可得耕地的碳净排放系数;林地和草地的碳吸收系数根据前人研究所得经验数据进行测算,采用的碳排放计算公式为:

$$E = \sum e_i = \sum T_i \cdot \delta_i \qquad (4-1)$$

式(4-1)中,E 为碳总排放量;e_i 为主要土地利用类型产生的碳排放量;T_i 为各土地利用类型面积;δ_i 为各土地利用类型的碳排放(吸收)系数,根据文献耕地、林地、草地碳排放系数分别取 0.422、-57.7、$-0.022 t/hm^2$。

建设用地的碳排放通过其利用过程中能源消耗的碳排放系数间接估算,其公式为:

$$E_t = \delta_f \cdot E_f \qquad\qquad (4-2)$$

式(4-2)中,E_t 为碳排放量;E_f 为煤炭消耗标准煤量,δ_f 为碳排放转换系数,取 0.733t(C)/t。

(2)碳排放的生态补偿计算

碳排放的生态补偿依据是碳汇价格。目前较常用的计算固定 CO_2 价值的方法有两种:一种是造林成本法,它是根据所造林分吸收大气中的 CO_2 与造林的费用之间的关系来推算森林固定 CO_2 的价值;另一种是碳税率法,环境经济学家通常使用瑞典的碳税率。中国的造林成本由于林分、年代和区域的差异,其经济价值各异,固定 CO_2 的价格有:①国内专家研究指出,在中国种植森林,每储存 1t CO_2 的成本约为 122 元人民币,此碳汇价格是生态补偿的下限标准;②中国造林成本的平均值为 272.65 元/t(C),此价格是国内比较常用的合理价格;③在国际上采用通用的瑞典碳税率,即 150 美元/t(C),以 100 美元兑换人民币 668 元计,相当于人民币 1002 元/t(C),此价格是国际上的参考价格,可以作为生态补偿的上限标准。

(3)数据来源和处理

本研究采用的土地利用数据来源于 1997 年和 2007 年 TM 遥感影像。数据处理过程为:以行政区划图和地形图为参考,对 1997 年和 2007 年遥感数据进行几何纠正,按照研究区行政边界裁剪,获得研究区范围。对两期遥感影像实地调查,建立遥感解译标志,在 ArcGIS9.2 软件中进行目视解译,并进行野外精度验证(正确率为 91%),获取两期区域土地利用数据。根据国家标准化管理委员会颁布的《土地利用现状分类》(GB/T21010—2007),将土地利用分为耕地、林地、草地、水域、建设用地(城乡、工矿以及居民地)、未利用地六种类型。

合肥经济圈三市的建设用地碳排放采用《中国能源统计年鉴》中安徽省1997 年、2009 年能源消费数据,以及《安徽省统计年鉴(1998 和 2008)》的数据。经济圈的 15 个县(市区)碳排放数据结合区域 GDP 数据来处理和获取:根据三市的 GDP 和能源消费总量(吨标准煤)计算各市的单位 GDP 能耗系数(吨标准煤/万元),然后由 15 县市区的 GDP 和能耗系数计算各县市区的能源消费总量。

4.1.3 土地利用与碳排放结果分析

(1)经济圈土地利用变化

图 4-1 是 1997—2007 年合肥经济圈各土地类型的变化情况。通过土

地利用变化分析,在 1997—2007 年的 10 年间,六种土地利用类型均有变化。土地利用变化的主要特征为:五市的耕地均迅速减少,变化幅度居六种地类之首,耕地面积减少了 4654.3hm²,变化率高达 49.5%;五市的建设用地均迅速增加,其变化幅度仅次于耕地,位居第二,建设用地面积增加了 36287hm²,变化率达 38.6%;五市中除桐城市有所减少外,其他市的林地均有所增加,面积变化量是 5796hm²,其变化率仅为 6.2%;除合肥市有所减少外,其他市的草地、水域均有所增加,其面积变化量分别为 3294hm² 和 2107hm²,变化率也都不大,分别为 3.5% 和 2.2%;而未利用地六安市有所增加,巢湖市减少,其余都无变化,变化率仅为 0.03%。

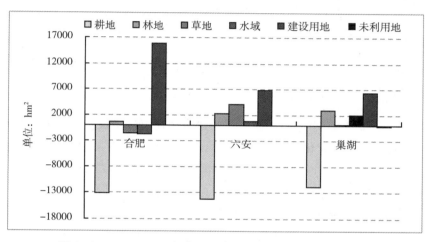

图 4-1 1997—2007 年合肥经济圈各土地类型变化量(hm²)

(2)1997 年和 2007 年碳排放变化

表 4-1 是合肥经济圈三市碳源、碳汇、地均碳排放强度、碳排放总量等指标变化情况。其中地均碳排放强度为单位土地面积的碳排放量,地均建设用地碳排放强度为单位面积建设用地的碳排放量,两者均可以反映碳排放强度。建设用地和耕地为主要碳源,林地和草地为主要碳汇。

从碳排放总量来看(表 4-1),合肥经济圈为碳汇区(碳源值小于碳汇值),六安市和巢湖市总体上为碳汇区,三市的碳源值均增大,其中 2007 年合肥市的碳源值增加为 1997 年的 3.47 倍,碳排放增长迅速。三市林地和草地面积的变化不大,所以碳汇值变化很小。2007 年,合肥市碳排放总量为 1997 年的 4.2 倍,碳排放总量迅速增加,达到 1049.92×10⁴t,10 年间平均增长率高达 14.4%,由于城市化加速、工业发展、人均收入和生活水平显著提高,因能源的大量消耗而使 CO_2 排放呈较快增长趋势。巢湖市碳源值增加 $90.9×10^4$ t;六安市的碳源、碳汇、总碳排放量变化均较小。

表 4-1　1997 年和 2007 年各市碳排放量和强度

时间(年)城市	碳源(万吨)	碳汇(万吨)	总碳排放量(万吨)	建设用地碳排放量(万吨)	地均建设用地碳排放强度($t·hm^{-2}$)	地均碳排放强度($t·hm^{-2}$)	生态补偿(亿元)
1997 合肥	324.65	−76.18	248.47	301.75	29.42	4.25	3.03
1997 六安	235.91	−3011.53	−2775.62	196.75	17.23	1.07	−33.86
1997 巢湖	274.54	−412.64	−138.10	247.37	38.33	2.62	−1.69
合计	835.1	−3500.35	−2665.25	745.87	26.51	2.13	−32.52
2007 合肥	1125.47	−76.16	1049.92	1100.88	107.32	15.52	12.80
2007 六安	394.02	−3011.54	−2617.50	354.86	31.07	1.93	−31.93
2007 巢湖	365.52	−412.63	−47.12	338.35	52.43	3.58	−0.58
合计	1885.01	−3500.33	−1615.33	1794.09	57.78	5.13	−19.71

注:表中负值表示碳汇效应,固定 CO_2;正值为碳源效应,排放 CO_2。

1997—2007 年,合肥经济圈三市的建设用地上碳排放量均有所增加(表 4-1),其中合肥市变化最大,增加了 3.65 倍,地均建设用地碳排放强度由 29.42t/hm² 增加为 107.32t/hm²。三市地均碳排放强度也均增大,分别增加了 3.65 倍、1.80 倍、1.37 倍,年均增长率为 12.94%、5.19%、3.13%。10年间,合肥经济圈内建设用地碳排放总量由 745.87×10^4t 增加到 1794.09×10^4t,增加了 2.41 倍,年均增长 9.74%。地均碳排放强度增加 2.18 倍,年均增长 8.78%。从 1997 到 2007 年,各县市区的建设用地平均碳排放强度也增加了(表 4-2~表 4-3)。由于目前碳排放主要来自建设用地,建设用地碳排放强度能直接反映区域第二、第三产业碳排放的水平和区域差距。由于合肥经济圈未来经济始终呈增长态势,经济发展导致建设用地扩张的同时,碳排放总量不断增加,碳减排压力增大。

表 4-2　各县建设用地面积和能耗

县(市区)	1997 年能耗(万吨标煤)	1997 建设用地面积(hm²)	1997 年单位建设用地能耗(万吨标煤)	2007 年能耗(万吨标煤)	2007 建设用地面积(hm²)	2007 年单位建设用地能耗(万吨标煤)
合肥	313.81	7546	415.87	1153.50	14711	784.11
长丰	31.74	23501	13.51	78.77	32680	24.11

县（市区）	1997年能耗（万吨标煤）	1997建设用地面积（hm²）	1997年单位建设用地能耗（万吨标煤）	2007年能耗（万吨标煤）	2007建设用地面积（hm²）	2007年单位建设用地能耗（万吨标煤）
肥东	46.33	20457	22.65	131.83	27669	47.65
肥西	55.48	22451	24.71	138.21	27520	50.22
六安	77.89	20358	38.26	164.51	31310	52.54
寿县	51.14	27476	18.61	74.67	34435	21.68
霍邱	53.42	30458	17.54	90.73	39896	22.74
舒城	38.87	5123	75.87	68.53	6485	105.68
金寨	25.47	987	258.07	44.77	1297	345.08
霍山	24.41	748	326.38	52.04	795	654.97
巢湖	91.96	11295	81.42	136.23	15448	88.19
庐江	71.50	12047	59.35	72.94	14121	51.65
无为	78.63	13183	59.65	142.11	15422	92.15
含山	36.90	5879	62.77	45.20	7442	60.73
和县	44.74	98176	4.56	59.12	12100	48.85

（3）各县（市区）碳排放及空间差异

合肥经济圈各县（市区）的碳排放总量以合肥市区值最大（843.66×10⁴ t），最低的是金寨县（−1142.46×10⁴ t），其次为霍山县、舒城县、六安市区（分别为−1142.46×10⁴ t、−549.36×10⁴ t、−299.42×10⁴ t），其他县（市区）碳排放值为−100×10⁴～100×10⁴ t。合肥经济圈各县（市区）的碳排放强度也存在很大差异。15县（市区）的建设用地碳排放量以市区为大，合肥市区和六安市区建设用地碳排放量均高于100×10⁴ t，巢湖市区为99.85×10⁴ t。在所有县中，只有无为县和肥西县值高于100×10⁴ t，其次是肥东县，为96.62×10⁴ t。由于城市区域第二产业较为发达，而能耗又主要集中在第二产业部门，导致建设用地碳排放量明显大于其他地区（表4-2～表4-3）。

表4-3 2007年各县碳排放量与生态补偿

县（区）	面积（km²）	地平均碳排放强度	总碳排放量（万吨）	碳汇（万吨）	碳源（万吨）	生态补偿（亿元）
合肥	485.42	174.157	843.66	−3.205	846.87	10.293
长丰	2392.76	2.413	55.48	−5.518	61.00	0.677

县（区）	面积（km²）	地平均碳排放强度	总碳排放量（万吨）	碳汇（万吨）	碳源（万吨）	生态补偿（亿元）
肥东	2296.66	4.207	76.78	−22.602	99.39	0.937
肥西	2320.85	4.364	59.19	−44.852	104.04	0.722
六安	3577.66	3.370	−299.42	−423.116	123.70	−3.653
寿县	2965.32	1.845	53.84	−4.326	58.17	0.657
霍邱	3801.57	1.749	−9.45	−79.936	70.49	−0.115
舒城	2102.16	2.389	−549.36	−600.237	50.87	−6.702
金寨	3919.36	0.837	−1142.46	−1175.405	32.94	−13.938
霍山	2044.54	1.866	−690.29	−728.508	38.22	−8.421
巢湖	2049.81	4.871	34.71	−66.677	101.39	0.424
庐江	2352.61	2.272	−84.08	−138.949	54.87	−1.026
无为	2460.95	4.232	43.95	−61.745	105.70	0.536
含山	1043.07	3.176	−70.09	−103.965	33.87	−0.855
和县	1547.90	2.799	3.24	−41.300	44.54	0.039

注：表中负值表示碳汇效应，固定 CO_2；正值为碳碳源效应，排放 CO_2（下同）。

合肥经济圈各县（市区）建设用地平均碳排放强度的区域差异也很显著（图 4-2）。2007 年，建设用地平均碳排放强度以合肥市最高（784.11×10^4 t/hm²），其次是霍山县和金寨县，建设用地平均碳排放强度分别达到 654.97×10^4 t/hm² 和 345.08×10^4 t/hm²，也远高于其他区域，主要原因是建设用地的面积较其他区域要小得多（山区人口少，建设用地主要集中于县城、乡镇）。其他区域的建设用地平均碳排放强度相差不大。地平均碳排放强度以城市区高于县域，以合肥市最大（174.16×10^4 t/hm²），其次是巢湖、肥西、无为，而金寨、霍山相对较小，这与建设用地少有关。

（4）土地利用变化对碳排放量的影响

从 1997 年到 2007 年，由于城市化和工业化进程的加快，土地的利用方式发生了很大的变化，能源消耗量由 4414.9×10^4 t 增加为 8271.3×10^4 t，使碳排放总量迅速增加。10 年间，合肥经济圈碳排放中，建设用地的碳排放所占比例最大，故建设用地是主要碳源，其次是耕地。林地是主要碳汇，而草地的碳吸收能力很小。其中合肥市的林地面积变化最大，林地面积净增 700hm²，虽然使碳吸收量净增 37.5×10^4 t，但是由于建设用地中能源消耗的大幅度增加，建设用地的碳排放量净增加到 788.7×10^4 t，增幅远远大于林

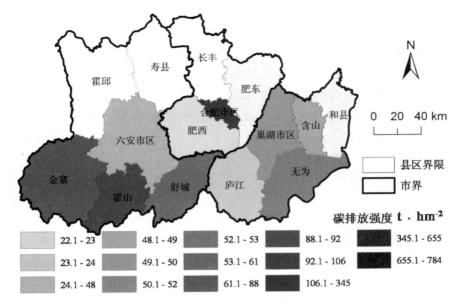

图 4 - 2 2007 年各县市建设用地平均碳排放强度(t·hm⁻²)

地碳汇的增幅,使得在碳排放总量中林地的碳吸收比例下降,而建设用地的碳排放比例上升。

从土地利用类型的碳排放系数可以估算,每增加 $1hm^2$ 耕地仅增加 $0.422t$ 碳排放量,每增加 $1hm^2$ 建设用地就增加 $497.3t$ 碳排放量,可见建设用地的碳排放能力最强,而每增加 $1hm^2$ 林地的碳吸收量仅为 $57.7t$,仅占建设用地碳排放量的 11.65%,建设用地面积增加是导致合肥经济圈碳排放增加的主要原因。10 年间林地面积增加导致碳吸收量是 $349.1\times10^4 t$,但仍难以抵消建设用地增加的碳排放量 $1057.8\times10^4 t$,经济圈总体碳排放增加 $689.1\times10^4 t$。

(5)区域产业结构对碳排放效益的影响

土地利用方式与碳排放量的变化还直接受到区域产业结构和经济发展水平的影响。合肥市是全省经济发达区域,以加工制造等第二产业为主,其城市化和工业化水平最高,2007 年第二产业 GDP 为 651.2×10^8 元,能源消耗量大,所以碳排放量最大。巢湖市产业结构以资源性产业为主,能源消耗量大,城市化和工业化水平也较高,2007 年第二产业 GDP 为 168.6×10^8 元,碳排放量较大,建设用地碳排放量要高于六安市。六安市是农业大市,是国家粮、油、禽重要生产基地和全省最大的林业基地,产业结构以汽车零部件、纺织服装、食品饮料、农产品加工等产业为主,2007 年第二产业 GDP 为 158.9×10^8 元,工业能源消耗较少,碳排放量最小。

(6)碳排放的生态补偿标准

根据合肥经济圈各市碳排放量和不同固碳价格估算的生态补偿标准,1997 年和 2007 年,合肥市均为碳源区,六安市和巢湖市均为碳汇区,从碳排放的角度看,合肥市应该对六安市和巢湖市进行生态补偿,其中 1997 年合肥市提供的生态补偿标准是 $3.03 \times 10^8 \sim 24.89 \times 10^8$ 元。对于六安市和巢湖市得到的生态补偿范围分别为 $31.93 \times 10^8 \sim 278.12 \times 10^8$ 元、$0.58 \times 10^8 \sim 13.84 \times 10^8$ 元。按照中国造林成本的平均价格估算,三市的碳汇补偿增加量分别为:21.83×10^8 元、4.31×10^8 元、2.48×10^8 元,这是比较接近实际的补偿标准。区域碳排放强度主要与建设用地的能源消耗有关,这与区域经济发展水平密切相关,所以采用单位 GDP 作为区域碳排放减排要求较为合理,如果不能完成减排目标,则需要通过资金对其他区域进行生态补偿加以实现。

4.1.4　减少碳排放途径

合肥经济圈正处于城市化和工业化快速发展的阶段,建设用地迅速增加,碳排放逐年增加,减少碳排放主要措施如下:(1)调整土地利用方式。在保有一定质量的耕地面积前提下,在经济圈内增加森林覆盖率,使原来的碳源地转化为碳汇地,有效地增加碳汇功能。(2)限制建设用地过度扩展。建设用地是碳排放的主要地区,按照经济圈主体功能区要求,避免建设用地在无序扩张中所产生的碳排放。(3)提高能源利用效率,调整能源结构。目前合肥经济圈已经实施节能减排发展战略,应不断提高能源利用技术,提高能源利用效率,同时增加水能、太阳能等非化石能源的使用量,优化能源结构,减少单位建设用地的碳排放量。(4)转变经济增长方式。在保证区域 GDP 不断增长的情况下,减少第二产业中高能耗产业的比重,积极发展第三产业,促进经济增长方式转变,降低碳排放。(5)实施碳排放生态补偿制度。土地利用/覆盖变化是第二大碳源,其作用仅次于化石燃料的燃烧。根据区域土地利用变化的碳排放效益,利用造林成本确定固碳价格,估算碳排放的补偿标准,实施碳排放的生态补偿制度,以实现区域碳减排目标。

4.1.5　结论与讨论

土地利用类型变化对碳排放产生重要影响,通过对合肥经济圈内的土

地利用碳排放效益和生态补偿进行分析,得出如下结论:

(1)合肥经济圈总体上为碳汇区,10 年间碳排放总量增加 1049.92×10^4 t,年均增长 14.4%。合肥市为碳源区,2007 年合肥市的碳源值增加为 1997 年的 3.47 倍,碳排放增长最为迅速。(2)地均建设用地碳排放强度和地均碳排放强度分别增加 2.41 倍、2.18 倍。1997 年和 2007 年,合肥经济圈内的碳排放量、地均碳排放强度和地均建设用地碳排放均呈现为合肥市＞巢湖市＞六安市。(3)合肥经济圈内各县区的地均碳排放强度差异显著,建设用地平均碳排放强度以合肥市最高,其次是霍山县和金寨县。(4)按照碳汇价格,由于碳排放,2007 年合肥市提供的生态补偿资金范围是 $12.80 \times 10^8 \sim 105.14 \times 10^8$ 元,六安市和巢湖市的生态补偿资金范围分别为 $31.93 \times 10^8 \sim 278.12 \times 10^8$ 元、$0.58 \times 10^8 \sim 13.84 \times 10^8$ 元,各县市区生态补偿差异很大。(5)合理土地利用资源、调整能源结构和产业结构,以及实施碳排放生态补偿制度是减少碳排放的主要措施。

通过对比研究发现,碳排放和强度计算结果与国内相关研究在碳储量净变化趋势上基本一致,虽然目前碳排放核算的技术标准已初步形成,但有关碳排放的系数不完全统一,以此来估算合肥经济圈土地利用碳排放效益还存在一定误差,同时固碳价格存在较大区域差异,具体应结合区域实际,制定合理的固碳价格和补偿标准;基于碳排放效应生态补偿研究的关键是准确计算合肥经济圈的碳排放总量,但碳排放量与土地利用、经济发展水平、能源消费等存在一定关系,需要构建综合模型分析这些因素对碳排放的影响,才能提高定量化研究的水平。以上研究将进一步深入开展。

4.2　合肥经济圈碳排放格局变化及减排对策

CO_2 温室效应占整个大气层温室效应来源的 60%,我国与国际社会已达成了减排 CO_2 共识,目前碳排放研究已成为一个热点问题。目前,国内外有学者已经开展对碳排放和减排的相关研究,如吴彼爱对中部六省低碳发展水平测度及发展潜力分析;张雷和罗旭等人分别对我国兰州市的碳排放区域格局变化与减排途径进行探讨;徐国泉等人进行土地利用的碳排放量测算及其碳排放因素分解模型研究;邹秀萍、李颖等人分别对我国江苏省等区域碳排放进行实证分析;王中英、谭丹等人探讨碳排放的影响因素,以及碳排放与产业发展、能源演变的关系。随着全球变暖逐渐加剧,碳排放和低碳研究逐渐增加,开展区域碳排放格局变化及减排途径研究对减缓全球变化及低碳经济发展具有一定的现实意义。

近年来,安徽省正实施合肥经济圈发展战略,工业化、城市化水平得到了很大的提高,但减排和低碳发展也势在必行。本研究开展合肥经济圈的碳排放格局变化及影响因素,旨在科学地揭示经济圈内碳排放的空间差异和来源,可为合肥经济圈碳减排政策制定提供一定科学依据。

4.2.1 数据来源与处理

合肥经济圈的合肥、六安、巢湖、淮南、桐城五个市的碳排放采用了《中国能源统计年鉴》中安徽省 1997—2010 年能源消费数据,以及《安徽省统计年鉴(1998—2011)》的数据。合肥经济圈的五市碳排放数据难以获取,故结合区域 GDP 数据来处理和获取:先根据五市的国民生产总值(GDP,万元)和能源消费总量(吨标准煤)计算各市的单位 GDP 能耗系数(吨标准煤/万元),然后由五市的 GDP 和能耗系数计算各市县的能源消费总量。具体计算式为:

$$各市(县)的能源消费总量 = \frac{区域能源消费总量}{区域 GDP} \times 各市(县)的 GDP \times 100\%$$

4.2.2 研究方法

(1)碳排放量计算

按照每吨标准煤排放 0.7329 的 CO_2 来计算能源的碳排放量。

(2)碳排放格局变化模型

区域碳排放与社会经济发展、技术等因素密切相关,借鉴前人产业-能源、能源-碳排放关联模型,分析合肥经济圈碳排放空间格局变化及原因。

① 产业-能源关联模型

$$EEI = EU/ESD \qquad (4-3)$$

$$ESD = \sum (P/P, S/P, T/P) \qquad (4-4)$$

式(4-3)、式(4-4)中,EU 为地区能源消费;ESD 为地区产业结构多元化演进程度;P 为第一产业产出;S 为第二产业产出;T 为第三产业产出。ESD 的值域可以从 1 到无穷大。

② 能源-碳排放关联模型

$$CEEI=COE/EUSD \qquad (4-5)$$

$$EUSD= \sum (C/C,O/C,G/C,N/C) \qquad (4-6)$$

式(4-5)、式(4-6)中,COE 为地区年碳排放总量;EUSD 为地区能源消费结构变化状态;C 为煤炭消费;O 为石油消费;G 为天然气消费;N 为水力、核能及太阳能等新能源消费。

4.2.3 合肥经济圈碳排放结果分析

(1)能源消费与碳排放总量变化

1997—2010 年,合肥经济圈 GDP 平均每年增长 41.46%,能源消费平均每年增长 15.35%;2010 年比 1997 年 GDP 增加 3953.8 亿元,增长近 5.4 倍;能源消耗增加了 2124.3 万吨标准煤,增长近 2 倍(图 4-3)。14 年间,碳排放总量变化与能源消费变化趋势大体一致。

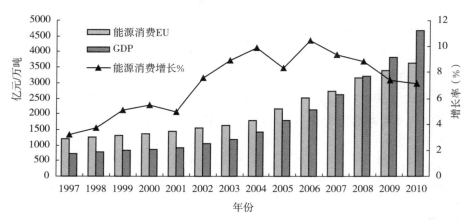

图 4-3　经济圈能源消费量和 GDP 变化

(2)合肥经济圈各市碳排放区域差异

图 4-4 是合肥经济圈各市碳排放量变化情况。14 年间,合肥市排放总量增加 6.19 倍,年均增速为 47.6%,增加最快;其次是淮南市,排放总量增加 3.64 倍,年均增速为 28.0%;最后是六安市、巢湖市和桐城市,排放总量分别增加 2.55 倍、2.07 倍和 1.70 倍,年均增速分别为 19.6%、13.0% 和 15.9%,增速相对较低。从五市的碳排放所占比例来看,与 1997 年比较来看,合肥市碳排放所占经济圈总量比例由 33.49% 增为 56.72%,六安市由

21.84%减为15.22%,巢湖市由27.46%减为12.73%,淮南市和桐城市所占比例变化不大。2010年,合肥市的碳排量比例远超其他各市,变化也最明显。总之,14年间,合肥经济圈各市碳排放均呈增加趋势,空间差异显著。

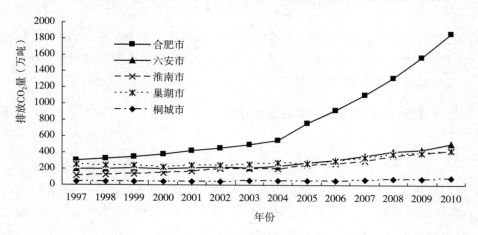

图4-4　经济圈各市碳排放量变化

（3）能源消费与产业结构变化

通过对合肥经济圈农业、工业和第三产业的能源消费量变化分析显示（图4-5）:经济圈工业产业占能源消费总量均在89.88%以上,自1997年至2010年比例逐年上升,总量也在迅速增加,并且增长最快。由此可见,经济圈工业产业能源消费变化呈现主导地位,体现出产业结构变化对能源消费产生重要影响。

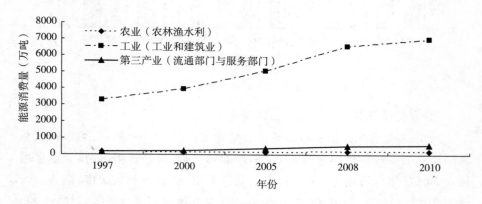

图4-5　合肥经济圈各产业能源消费(万吨标准煤)

产业-能源消费模型表明:区域产业结构变化与能源消费之间保持同步

变化的联系程度(即产业结构多元化演化程度)。1997年,合肥经济圈的产业结构多元化演变程度是21.6,到2010年增为43.2,由此说明产业结构变化与能源消费增长之间存在共同的特征,且联系度呈增加趋势。同时也显示第一产业的比例持续下降,第二产业、第三产业的比例显著上升,随着产业结构的演变升级在加快,能源的消耗量也在不断增大(图4-6),经济圈产业结构演变是影响能源消耗和碳排放的重要因素。

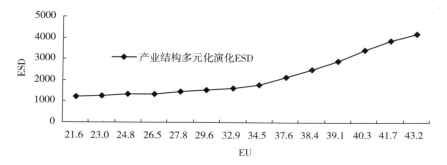

图4-6 合肥经济圈产业结构多元化演化程度

(4)碳排放与能源消耗结构变化

能源-碳排放关系模型表明了能源消费与碳排放之间的关系,其关联程度要明显低于产业-能源关联程度,但能够体现能源消费对碳排放的影响。自1997年,能源与碳排放之间也存在一定的相关性,随着能源结构逐渐多元化,碳排放总量增长速度逐渐减缓,即区域的能源结构多元化程度越高,碳排放增速越慢(图4-7)。

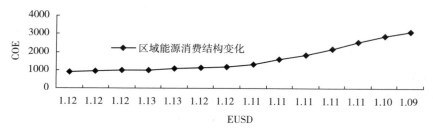

图4-7 合肥经济圈碳排放与能源消费结构变化

4.2.3 减少碳排放的对策

通过对合肥经济圈碳排放与经济发展的相互影响进行探讨研究,可以为区域二氧化碳减排目标及政策制定提供参考和建议。

（1）产业结构对能源消费和碳排放的影响规律表明，提升产业结构多元化程度，对碳减排具有一定的减缓作用，尤其是大力发展第三产业，降低第二产业的比例，推进产业结构升级和优化，转变经济增长方式，从而适度减缓经济圈能源消费总量的增长幅度，促进区域减排目标的实现。

（2）能源消费结构的迟缓改变是造成区域碳减排放量难以减少的重要原因，加快合肥经济圈能源消费结构多元化转变是实现碳减排的重要手段。因此，合肥经济圈积极实施节能减排发展战略，加大能源消费结构调整力度，不断扩大水能、太阳能等可再生能源在能源消费结构中的比例，进一步加大清洁能源、替代能源等开发利用，逐步降低化石燃料能源消费比重，形成低碳排放的能源结构，促进万元 GDP 综合能耗指标年均下降 4％目标的实现，以此逐步实现对碳排放总量增长的有效控制。

（3）不断促进能源利用技术进步，积极采用新工艺、新技术，不断提高能源利用效率，降低碳排放，进而减缓合肥经济圈能源消耗的增长速度。

（4）化石燃料的燃烧是大气中碳含量增加的最大来源，充分发挥森林生态系统对碳减排的作用，通过造林成本确定固碳价格，估算排放的补偿标准，实施碳排放的生态补偿机制，将工业减排和森林的"碳汇"功能放在同等重要的战略地位，实行标本兼治，实现区域碳减排目标的实现。

4.3　合肥经济圈碳排放效应及生态补偿

气候变暖是人类面临的十大生态问题之首，因人类活动产生的大量 CO_2 等温室气体形成的温室效应则是气候变暖的根源，因此目前碳排放研究已成为一个热点问题。中国已于 2007 年成为世界第一排放大国，该年中国二氧化碳的排放总量为 60.28 亿吨，超过美国的 57.69 亿吨。因此如何控制和减少中国碳排放量已经成为一个焦点问题。目前有学者已经开展对碳排放的相关研究，如徐国泉等人进行碳排放量的测算及碳排放因素分解模型研究；邹秀萍、李颖等人分别对江苏等区域碳排放进行实证分析；王中英、谭丹等人探讨碳排放的影响因素，以及碳排放与产业发展、能源演变的关系。以上研究多数侧重于碳排放的测算、影响因素分析、模型验证等方面，对碳排放的效益评估和区际生态补偿研究还很少。

《京都议定书》已把林业列为应对气候变化、减排固碳的重要途径。皖西大别山是合肥经济圈丰富森林资源分布区,安徽省正实施合肥经济圈发展战略和生态省建设,自然资源、生态环境与可持续发展之间的矛盾日益凸显,并成为亟待解决的问题之一。本研究开展合肥经济圈的土地利用变化对碳排放的影响,对合肥经济圈内各市的碳源和碳汇功能估算,以及对其经济价值进行分析,揭示经济圈内碳排放的空间差异,旨在科学地评价合肥经济圈碳汇量及生态经济价值,可为合肥经济圈生态补偿研究以及二氧化碳排放权的有偿转让等提供一定的科学依据,对区域碳减排及低碳经济研究具有一定的意义。

4.3.1 研究数据来源和方法

(1)数据来源和处理

本研究采用的土地利用数据来源于 1997 年和 2007 年的 TM 遥感影像。数据处理过程为:以行政区划图和地形图为参考,对 1997 年和 2007 年的遥感数据进行几何纠正,按照研究区行政边界裁剪,获得研究区范围。以此为基础,对两期遥感影像实地调查,建立遥感解译标志,在 ArcGIS9.2 软件中进行目视解译,并进行野外精度验证(正确率为 91%,满足本研究需要),获取两期区域土地利用数据。根据国家标准化管理委员会颁布的《土地利用现状分类》(GB/T21010—2007),将土地利用分为耕地、林地、草地、水域、建设用地(城乡、工矿以及居民用地)和未利用六种类型。

合肥经济圈三个市的建设用地碳排放采用了《中国能源统计年鉴》中安徽省 1997 年、2009 年能源消费数据,以及《安徽省统计年鉴(1998 和 2008)》的数据。合肥经济圈的 15 个市县碳排放数据难以获取,故结合区域 GDP 数据来处理和获取:先根据三市的国民生产总值(GDP,万元)和能源消费总量(吨标准煤)计算各市的单位 GDP 能耗系数(吨标准煤/万元),然后由 15 个市县的 GDP 和能耗系数计算各市县的能源消费总量。

(2)研究方法

① 碳排放量和强度计算

本研究是基于土地利用变化的碳排放,主要涉及耕地、林地、草地、建设用地,其中建设用地和耕地为主要碳源,林地和草地为碳汇。农田生态系统是重要的温室气体排放源,作物及土壤在呼吸、灌溉过程中耗能等都释放碳,而农作物的光合作用可以吸收碳。因此,农田生态系统也是碳的输入输出过程。耕地类型的碳排放考虑农业生产的 CH_4 排放系数以及对 CO_2 的吸收系数,其差值可得耕地的碳净排放系数;建设用地的碳排放通过其利用过程中能源消耗的碳排放系数间接估算;林地和草地的碳吸收系数根据前人研究所得经验数据进行测算,具体采用的碳排放计算公式为:

$$E = \sum e_i = \sum T_i \cdot \delta_i \qquad (4-7)$$

式(4-7)中,E 为碳总排放量;e_i 为主要土地利用方式产生的碳排放量;T_i 为各土地利用方式对应的土地面积;δ_i 为各土地利用方式的碳排放(吸收)系数。

建设用地碳排放估算公式为:

$$E_t = \delta_f \cdot E_f \qquad (4-8)$$

式(4-8)中,E_t 为碳排放量;E_f 为煤炭消耗标准煤量;δ_f 为煤炭消耗的碳排放转换系数;式(4-7)、式(4-8)中有关能源消耗的碳排放系数及出处见表4-4。

表4-4　各类碳源(汇)碳排放(吸收)系数

名称 Name	参数值 Parameter	数据来源 Source of data	平均值 Average	单位 Unit
农作物 C 排放系数	0.0422	Cai Zu－Cong, et al.	—	kg(C)/(m² · a)
林地 C 排放系数	−5.770	方精云等	—	kg(C)/(m² · a)
草地 C 排放系数	−0.0021	方精云等	—	kg(C)/(m² · a)
煤炭消耗 C 排放系数	0.7560	日本能源经济研究所	0.7329	t(C)/t
	0.7260	国家科委气候气候变化项目		
	0.7476	徐国泉		
	0.7020	DOE/EIA		

② 碳排放的生态补偿计算

碳排放的生态补偿依据是根据碳汇价格,目前较常用的计算固定 CO_2 价值的方法有两种:一种是造林成本法,它是根据所造林分吸收大气中的 CO_2 与造林的费用之间的关系来推算森林固定 CO_2 的价值;另一种是碳税率法,环境经济学家们通常使用瑞典的碳税率。

目前,中国的造林成本林分、年代和区域的差异,其经济价值各异,固定 CO_2 的价格主要有:(1)国内专家研究指出,在中国种植森林,每储存 1t CO_2 的成本约为 122 元人民币;此碳排放价格是生态补偿的下限标准;(2)中国造林成本法[251.4 元/t(C)]、[260.9 元/t(C)]以及[273.3 元/t(C)]和[305.0元/t(C)]等 4 个价位,采用取平均值[272.65 元/t(C)],此碳汇价格是国内比较常用的合理价格;(3)国际上采用通用的瑞典碳税率,即 150 美元/t(C)。以 100 美元兑换人民币 668 元计,相当于人民币 1002 元/t(C),此碳排放价格是国际上的参考价格,可以作为生态补偿上限的参考标准。

4.3.2 合肥经济圈碳排放分析与生态补偿

(1)合肥经济圈 1997 年和 2007 年碳排放变化

表 4-5 是合肥经济圈三市碳源/碳汇、地均碳排放强度、碳排放总量等指标变化情况。其中地均碳排放强度为单位土地面积的碳排放量;地均建设用地碳排放强度为单位面积建设用地的碳排放量,两者均可反映碳排放强度。建设用地和耕地为主要碳源,林地和草地为主要碳汇。

碳排放总量变化。从碳排放总量来看,合肥经济圈为碳汇区(碳源值小于碳汇值),六安市和巢湖市总体上为碳汇区,三市的碳源值均增大,其中2007 年合肥市的碳源值增加为 1997 年的 3.47 倍,碳排放增长迅速。三市林地和草地面积的变化不大,所以碳汇值变化很小。2007 年,合肥市碳排放总量为 1997 年的 4.2 倍,碳排放总量快速上升,达到 1049.9 万吨,10 年间平均增长率高达 14.4%,由于城市化加速、工业发展、人均收入和生活水平显著提高,能源的大量消耗使得 CO_2 的排放呈较快增长趋势。巢湖市碳源值增加90.9 万吨,使碳排放总量下降,六安市的碳源、碳汇、总碳排放量变化均较小。

表 4-5　1997 年和 2007 年各市碳排放量和强度

时间 城市	碳源	碳汇	碳源 /碳汇	总碳 排放量 (万吨)	建设用地 碳排放量 (万吨)	地均建设 用地碳排 放强度 (t/hm²)	地均碳 排放强度 (t/hm²)	生态补偿 (亿元)
1997 年合肥	324.7	−76.2	−4.3	248.5	301.8	29.4	4.3	3.0
1997 年六安	235.9	−3011.5	−0.1	−2775.6	196.8	17.2	1.1	−33.9
1997 年巢湖	274.5	−412.6	−0.7	−138.1	247.4	38.3	2.6	−1.7
2007 年合肥	1125.5	−76.2	−14.8	1049.9	1100.9	107.3	15.5	12.8
2007 年六安	394.0	−3011.5	−0.1	−2617.5	354.9	31.1	1.9	−31.9
2007 年巢湖	365.5	−412.6	−0.9	−47.1	338.4	52.4	3.6	−0.6
1997—2007 年 总量变化	1049.9	0.1		1050	1048.2	31.3	3.0	12.8

注:表中负值表示碳汇效应,固定 CO_2;正值为碳源效应,排放 CO_2(下同)。

碳排放强度变化。碳排放强度取决于建设用地上碳排放量以及大小面积。1997—2007年,合肥经济圈三市的建设用地上碳排放量均有所增加(表4-5),其中合肥市变化最大,增加了3.65倍,地均建设用地碳排放强度由29.4t/hm²增加为107.3t/hm²,三市地均碳排放强度也均增大(图4-8),分别增加了3.65倍、1.80倍和1.37倍,年均增长率为12.94%、5.19%和3.13%。10年间,合肥经济圈内建设用地碳排放总量由745.9万吨增加到1794.1万吨,增加了2.41倍,年均增长9.74%;地均碳排放强度增加2.65倍,年均增长8.78%。目前碳排放主要来自建设用地。单位建设用地碳排放量的大小能更好地反映一个区域第二、第三产业碳排放的水平以及存在的差距;合肥经济圈未来经济始终呈增长态势,经济发展导致建设用地扩张的同时,是碳排放总量的进一步增加,也导致碳减排压力加大。

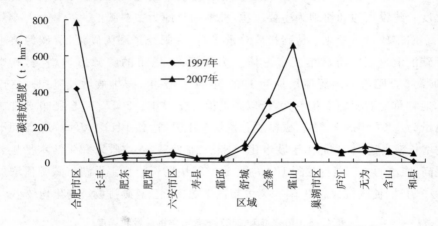

图4-8 各市县1997年和2007年建设用地平均碳排放强度

(2)合肥经济圈各县市碳排放及空间差异

从各县市区域的碳源来看,合肥市区、六安市区明显高于周围的县市,巢湖市区比无为县略低;从碳汇量来看,金寨县最高,值为1175.4万吨,其次是霍山县、六安市区、舒城县均超过400万吨,庐江县和含山县均超过100万吨,合肥市最低为3.2万吨,长丰县和寿县也很低。各县市的碳汇值主要取决于林地和草地面积大小,碳汇值的变化与林地和草地的面积分布非常一致。碳源/碳汇值表示碳源效应与碳汇效应之间的对比关系,碳源/碳汇值最大的是合肥市,为264.2,碳源效应最显著;其次是寿县和长丰县,其值分别是13.4和11;霍山、舒城和金寨的值很低,均小于0.1,区域的碳汇效应非常显著。碳排放总量反映碳源效应和碳汇效应的变化结果,各县市的碳排放总量以合肥值最大（843.7万吨），最低的是金寨（-1142.5万吨，负值即吸收量），霍山、舒城、六安市区也很低，其他县市为-100万~100万吨。

合肥经济圈各县的碳排放强度也存在很大差异。15县市区域单元的建设用地碳排放量以市区为大，合肥市区和六安市区建设用地碳排放量均高于100万吨，巢湖市区为99.9万吨；在所有县中，只有无为县和肥西县值高于100万吨，比巢湖市区略高，其次是肥东县，为96.6万吨。城市区域城市化水平较高，第二产业较为发达，而能耗又主要集中在第二产业部门，导致建设用地碳排放量明显大于其他地区。

合肥经济圈各县市建设用地平均碳排放强度的区域差异也很显著（图4-9）。建设用地平均碳排放强度以合肥市最高（784t/hm²），其次是霍山县和金寨县，建设用地平均碳排放强度分别达到655t/hm²和345.1t/hm²，也远高于其他区域，主要原因是建设用地的面积较其他区域要小得多（山区人口少，建设用地主要集中在县城、乡镇）。其他区域的建设用地平均碳排放强度相差不大。地平均碳排放强度以城市区高于县域，以合肥市区最大（174.2t/hm²），其次是巢湖、肥西、无为，而金寨、霍山相对较小，也显示出这两县为山区，建设用地少的特点。

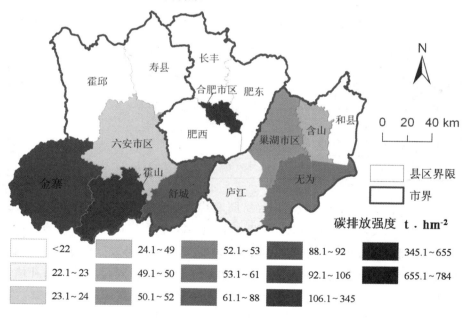

图4-9 2007年合肥经济圈各市县建设用地平均碳排放强度

据 2008—2010 年的统计资料分析,合肥市、六安市和巢湖市三市的建设用地变化量分别为:8029hm²、1386hm²、140hm²,能源消耗变化量分别为:635 万吨、78.1 万吨、83 万吨,增加建设用地的平均碳排放强度分别为:791.5t/hm²、563.1t/hm²、5928.6t/hm²,比 2007 年各市的建设用地平均碳排放强度高,故建设用地的碳排放趋势仍然呈增加态势。

(3)碳排放的生态补偿标准范围

表 4-6 是根据合肥经济圈各市碳排放量和不同固碳价格计算的生态补偿。1997 年和 2007 年,合肥市均为碳源区,六安市和巢湖市均为碳汇区,从碳排放的角度,所以合肥市应该对六安市和巢湖市实行生态补偿,其中 1997 年合肥市提供的生态补偿标准是 3.0 亿~24.9 亿元,10 年间,合肥市碳排放总量净增 800.8 万吨,2007 年提供的生态补偿标准增为 12.8 亿~105.1 亿元。六安市和巢湖市得到的生态补偿范围分别为 31.9 亿~278.1 亿元、0.6 亿~13.8 亿元。

表 4-6　1997 年和 2007 年各市碳排放量与生态补偿

时间 城市	总碳 排放量 (万吨)	生态补偿额(×10⁸元)		
		122 (元·t⁻¹价格)	272.65 (元·t⁻¹价格)	1002 (元·t⁻¹价格)
1997 年合肥市	248.5	3.0	6.8	24.9
1997 年六安市	−2775.6	−33.9	−75.7	−278.1
1997 年巢湖市	−138.1	−1.7	−3.8	−13.8
2007 年合肥市	1049.3	12.8	28.6	105.1
2007 年六安市	−2617.5	−31.9	−71.4	−262.3
2007 年巢湖市	−47.1	−0.6	−1.3	−4.7

2007 年,合肥市区域应该向经济圈的其他地区提供 10.3 亿~84.5 亿元的生态补偿,巢湖市区应该向经济圈的其他地区提供 0.4 亿~3.5 亿元的生态补偿,而六安市区应该获得 3.7 亿~30 亿元的生态补偿。长丰、肥东、肥西、寿县、无为、和县均应该向省会经济圈碳汇区实行不同程度的生态补偿,其中肥东向其他县区补偿最多(1.0 亿~7.7 亿元),而霍邱、舒城、金寨、霍山、庐江、含山均应该获得不同程度的生态补偿,其中金寨获得的补偿最多(13.9 亿~114.5 亿元),霍山、舒城和六安市区获得的生态补偿也较多。

4.3.3 结论与讨论

(1)合肥经济圈总体上为碳汇区,10年间碳排放总量增加1049.9万吨,年均增长14.4%。合肥市为碳源区,2007年合肥市碳源值的增加量为1997年的3.47倍,碳排放增长最为迅速。

(2)地均建设用地碳排放强度和地均碳排放强度分别增加2.18倍、2.41倍。1997年和2007年,合肥经济圈内的碳排放量、地均碳排放强度和地均建设用地碳排放都呈现为合肥市>巢湖市>六安市。

(3)合肥经济圈内各县市地均碳排放强度差异显著,建设用地平均碳排放强度以合肥市最高(784t/hm²),其次是霍山县和金寨县,其他区域的建设用地平均碳排放强度相差不大。

(4)2007年,合肥市提供的生态补偿标准是12.8亿~105.1亿元,六安市和巢湖市得到的生态补偿标准范围分别为31.9亿~278.1亿元、0.6亿~13.8亿元。各县生态补偿差异也很大。

基于碳排放效应的生态补偿研究的关键是准确计算合肥经济圈的碳排放总量,但碳排放与农业生产、土地利用、经济发展水平、能源消费等存在着复杂的关系,要分析这些因素对碳排放的影响,需要建立一个综合性分析模型,才能提高研究的定量化水平。由于固碳价格存在较大差异,因此生态补偿应该结合区域实际,制定合理的固碳价格和补偿标准,相关研究将进一步深入开展。

4.4 本章小结

(1)1997—2007年,合肥经济圈碳排放总量年均增长14.4%,至2007年经济圈内地均建设用地碳排放强和地均碳排放强制分别增加为1997年的2.41倍和2.18倍,1997年—2007年,六安市、巢湖市、合肥市的碳排放强度指数值依次增加,经济圈内各县区地均碳排放强度空间差异显著,合肥市区、霍山县、金寨县的建设用地平均碳排放强度为前准。

(2)通过分析1997—2010年合肥经济能源消费等数据,利用相关模型,揭示经济圈各市能源消费、产业结构对碳排放的影响和区域差异。研究结果显示:①14年间,经济圈能源消费平均每年增长15.35%,其中合肥经济圈碳排放总量呈现为合肥市＞淮南市＞六安市＞巢湖市＞桐城市,各市碳排放均呈增加趋势,区域差异显著;②经济圈各产业能源消费量以工业占比最大,各年份均超过 89.88%,增长最快;③随着产业结构多元化演化程度的增加(由 21.6 增为 43.2),能源的消耗量不断增大;④经济圈的能源结构多元化程度越高,碳排放增速越慢;⑤产业结构、能源消费结构均与碳排放量存在一定的相互联系。因此在以上研究的基础上,提出合肥经济圈减排途径。

自 1997 年至 2010 年,随着国民经济的迅速发展,合肥经济圈能源消费迅速增长近 2 倍,碳排放总量也呈现增长趋势;合肥经济圈各市碳排放均呈增加趋势,碳排放区域差异显著,合肥市年均增速为 47.6%,增加最快。从合肥经济圈碳排放比例来看,合肥市的比例由 33.49% 增为 56.72%,六安市和巢湖市的比例有所下降,淮南市和桐城市变化小。14 年间,产业结构变化与能源消费增长之间联系度呈增加趋势,随着能源结构不断多元化,碳排放量变化呈减缓趋势。

(3)通过对 1997 年和 2007 年碳排放强度分析,揭示合肥经济圈省会内各市县对碳排放的影响和区域差异,根据相关固碳价格计算合肥经济圈市县的生态补偿标准。①合肥经济圈总体上为碳汇区,1997—2007 年的碳排放总量增加 1049.9 万吨,年均增长 14.4%,其中合肥市碳排放量增长最大;②2007 年,合肥经济圈内地均建设用地碳排放强度和地均碳排放强度分别增加的是 1997 年的 2.18 倍和 2.41 倍。1997 年和 2007 年,合肥经济圈内的碳排放量、地均碳排放强度和地均建设用地碳排放都呈现为合肥市＞巢湖市＞六安市;③合肥经济圈内各县市地均碳排放强度差异显著,建设用地平均碳排放强度以合肥市最高($784t/hm^2$),其次是霍山县和金寨县,其他区域的建设用地平均碳排放强度相差不大。④2007 年,合肥市提供的生态补偿标准是 12.8 亿～105.1 亿元,六安市和巢湖市得到的生态补偿标准范围分别为 31.9 亿～278.1 亿元、0.6 亿～13.8 亿元;各县市生态补偿差异也很大。

第5章 基于生态系统服务的
合肥经济圈生态补偿机制

近年来,伴随着经济的快速发展,温室效应、臭氧层破坏、森林锐减、物种灭绝、土地退化和淡水资源短缺等全球性环境问题越来越突出,对人类的生存和发展构成了很大的威胁,全球环境变化研究已成为国际社会关注的热点。作为全球环境变化研究的核心领域之一,土地利用/土地覆盖变化不仅改变了地表自然景观的面貌,也改变了生态系统的结构和功能,从而引起生态系统服务价值的变化。因此,在土地利用变化的基础上研究生态系统服务具有重要意义。

安徽省正实施合肥经济圈发展战略和生态省建设,自然资源利用、生态环境保护与可持续发展之间的矛盾日益凸显,如合肥与六安、巢湖的水资源生态补偿、合肥与淮南的能源和矿区修复生态补偿等问题受到社会各界的广泛重视,并成为亟待解决的问题之一。探讨区域土地利用变化对生态服务功能的影响,为开展合肥经济圈功能区的生态补偿标准和机制研究提供理论基础和科学依据,对协调区域经济发展与生态环境保护、促进区域可持续发展,具有极其重要的意义。

5.1 数据来源与处理

本研究采用的数据资料有:1:5万安徽省行政区图(包括县、乡镇行政边界、水系等)和1:10万地形图、1997年TM遥感影像图和2007年TM遥感影像图。以行政区划图和地形图为参考,对1997年和2007年遥感数据进行几何纠正,按照研究区行政边界裁剪,获得研究区范围。以此为基础,对两期遥感影像实地调查,建立遥感解译标志,在ArcGIS9.2软件中进行目视解译,并进行野外精度验证(正确率为 94%,满足本研究需要),获取两期区域土地利用数据。根据国家标准化管理委员会颁布的《土地利用现状分类》(GB/T21010—2007),将土地利用分为耕地、林地、草地、水域、建设用地(城乡、工矿以及居民用地)、未利用六种类型。

5.2 研究方法

5.2.1 土地利用类型变化分析

在 ArcGIS9.2 的环境下,对合肥经济圈 1997 年和 2007 年两期土地利用数据进行叠加,利用 GIS 的空间分析功能,计算发生变化的各土地利用类型面积,就可获得合肥经济圈 1997—2007 年的土地利用类型动态变化。

5.2.2 生态服务功能价值估算

生态系统服务被划分为气体调节、气候调节、水源涵养、土壤形成与保护、废物处理、生物多样性维持、食物生产、原材料生产、休闲娱乐共 9 类,根据每类土地/景观生态系统服务价值当量因子计算生态服务功能强度。随着土地利用类型的改变,区域生态服务功能也发生变化。本文采用 Costanza 等人的生态系统服务功能价值评价模型,参考陈仲新等人的国内生态系统服务与效益的生态价值估算标准,以谢高地等人修订的不同类型生态系统单位面积服务价值为依据(表 5-1),计算经济圈生态系统服务价值,其计算公式为:

$$\mathrm{ESV} = \sum (A_k \times VC_k) \qquad (5-1)$$

$$\mathrm{ESV}_f = \sum (A_k \times VC_{fk}) \qquad (5-2)$$

式(5-1)、式(5-2)中,ESV 为研究区生态系统服务总价值,A_k 为研究区 k 种土地利用类型的面积,VC_k 为生态价值系数,ESV_f 为单项服务功能价值系数。

表 5-1   中国不同陆地生态系统单位面积生态服务价值   (单位:元/hm²)

	林地	草地	耕地	湿地	水体	未利用地
气体调节	3097.0	707.9	442.4	1592.7	0	0

	林地	草地	耕地	湿地	水体	未利用地
气候调节	2389.1	796.4	787.5	15130.9	407.0	0
水源涵养	2831.5	707.9	530.9	13715.2	18033.2	26.5
土壤形成与保护	3450.9	1725.5	1291.9	1513.1	8.8	17.7
废物处理	1159.2	1159.2	1451.2	16086.6	16086.6	8.8
生物多样性保护	2884.6	964.5	628.2	2212.2	2203.3	300.8
食物生产	88.5	265.5	884.9	265.5	88.5	8.8
原材料	2300.6	44.2	88.5	61.9	8.8	0
娱乐文化	1132.6	35.4	8.8	4910.9	3840.2	8.8
总计	19334.0	6406.5	6114.3	55489.0	40676.4	371.4

5.2.3　合肥经济圈生态补偿标准上下限确定

生态补偿的前提是根据区域生态服务功能变化确定生态补偿的标准。生态补偿主要是通过一定的政策手段实行区域生态保护外部性的内部化，让区域生态保护成果的"受益者"支付相应的费用；通过相关政策机制解决好区域生态环境这一特殊公共物品消费公平；通过生态补偿实现对区域生态投资者的合理回报，激励经济圈不同功能区的人们从事生态保护投资并使生态资本增值。经济圈生态补偿的范围是在不同主体功能区之间进行的。主体包括功能区内享受生态系统服务的群体，也包括影响流域水量、水质的个人或群体；客体为功能区内保护生态系统服务的群体。合肥经济圈生态补偿的主体为享用生态系统服务的合肥市；客体为皖西大别山区、巢湖水体等区域。

皖西大别山、巢湖水域为合肥经济圈做出的生态贡献通过生态系统服务体现出来。随着皖西大别山五大水库作为合肥市战略饮用水源地，不仅合肥地区能够享用重要生态区生态系统服务，六安、巢湖等地区同样能够受益，因此1997年、2007年合肥经济圈生态系统服务的价值应作为补偿标准的上限。皖西、巢湖等重要生态区为了保护区域生态环境，不得不关闭或者限制了、拒批了一批污染较大的企业而影响了该地区经济发展，利用发展机会法计算皖西等地区损失的成本，发展权损失即为合肥经济圈生态补偿的下限。由此确定的上下限范围是开展合肥经济圈生态补偿标准、方式的重要基础和根据。

发展机会法是利用相邻县市居民的人均可支配收入与水源地区域人均可支配收入对比,估算出相对于相邻县市居民收入的参考依据。补偿的测算公式为:年补偿额度=(参照县市的城镇居民人均支配收入-水源地区域城镇居民人均可支配收入)×水源地区域城镇居民人口+(参照县市的农民人均纯收入-水源地区域农民人均纯收入)×水源地区域农业人口。在此相邻县市为合肥市县,水源地区域为六安市和巢湖市。

5.3 经济圈生态补偿分析

5.3.1 合肥经济圈土地利用变化

图5-1~图5-2是合肥经济圈土地利用变化情况。在1997—2007年的10年间,六种土地利用类型均有变化。土地利用变化的主要特征是:三市的耕地均迅速减少,变化幅度居六种地类之首,面积变化量是39401hm²,占土地利用变化总量的49.9%;三市的林地均有所增加,面积变化量是6049hm²,占土地利用变化总量的7.6%;三市的建设用地均迅速增加,面积变化量是29200hm²,占土地利用变化面积总量的37.1%;草地、水域和未利用地的面积变化不大,合肥市的草地和水域面积减少,其他类型面积两市均有增加。

图5-1 合肥经济圈范围和2007年土地利用类型分布

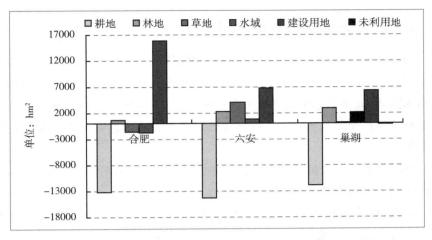

图 5-2 1997—2007 年合肥经济圈各土地类型变化量(hm²)

5.3.2 生态系统服务功能价值的变化

根据式(5-1)、式(5-2),通过合肥经济圈土地利用类型数据,量化区域生态系统服务,其中建设用地的单位面积生态服务价值为 0,估算得经济圈区域 1997 年、2007 年生态系统服务价值(ESV)(表 5-2)。由于土地利用类型的变化,1997 年和 2007 年合肥经济圈生态服务总价值分别为 357.34 亿元和 356.84 亿元,减少 0.5 亿元。其中合肥市生态服务价值总量最小,1997—2007 年,生态服务总价值减少 1.49 亿元;六安市生态服务价值总量最大,1997—2007 年,生态服务总价值增加 0.23 亿元;巢湖市生态服务价值总量较大,1997—2007 年,生态服务总价值增加 0.76 亿元。合肥经济圈生态服务功能价值变化主要由耕地面积减少(使生态服务总价值减少 2.4 亿元)、林地面积增加(使生态服务总价值增加 1.17 亿元)和水域面积变化(使生态服务总价值增加 0.56 亿元)而造成的。

表 5-2　1997—2007 年合肥经济圈土地类型各生态服务价值变化　(单位:亿元)

市区	耕地	林地	草地	水域	建设用地	未利用地	区域生态服务总价值	
							1997 年	2007 年
合肥市	−0.8038	0.1257	−0.1028	−0.7147	0	0	54.02	52.53
六安市	−0.8783	0.4638	0.2643	0.3734	0	0.00002	204.65	204.88
巢湖市	−0.7270	0.5800	0.0188	0.8965	0	−0.0003	98.67	99.43

5.3.3 合肥经济圈生态补偿标准范围

通过估算得到 1997 年、2007 年合肥经济圈生态系统服务价值为 357.34 亿元和 356.84 亿元(表 5-2)。由于皖西大别山五大水库作为合肥市战略饮用水源地,其生态系统服务价值会不断提高,2007 年合肥经济圈的生态系统服务价值高于 356.84 亿元,这是合肥经济圈各功能区之间生态补偿标准的上限。

利用发展机会法计算合肥经济圈的六安市、巢湖市两区域损失的成本,发展权损失即为合肥经济圈生态补偿的下限。

2007 年,合肥经济圈水源地区域六安市、巢湖市发展权损失成本分别为110.99 亿元、33.86 亿元(表 5-3)。2007 年,合肥经济圈水源地区域应获得的生态补偿下限为 144.85 亿元,上限不高于 356.84 亿元,具体标准还要通过广泛的调研,根据生态系统服务受益方能够提供资金的能力以及提供方对生态补偿机制的期望值等确定。

表 5-3 六安市和巢湖市居民收入、人口和发展权损失

区域	城镇居民可支配收入(元)	农民居民纯收入(元)	总人口(万人)	城镇人口(万人)	农村人口(万人)	发展权损失(亿元)
合肥	13426.47	4445.41	478.9	203.7	275.2	
六安	10863.01	3006.04	695.5	96.8	598.7	110.99
巢湖	10709.53	4079.04	455.0	73.2	381.83	33.86

数据来源:2008 年安徽统计年鉴。

5.3.4 合肥经济圈生态补偿方式

生态补偿标准是生态效益补偿的核心,关系到补偿的效果和补偿者的承受能力。补偿标准的上下限、补偿等级划分、等级幅度选择等,取决于补偿方式、损失量(生态服务功能效益量)、补偿期限等因素。在现有的条件下,生态补偿只能体现一种相对的公平而无法做到绝对公平。因此,补偿的标准不可能完全按实际发生的经济损失或贡献大小来补偿,只能按财政收入的一定比例支出,或者其他多种配套补偿方式同时进行。

(1)资金补偿方式

通常,资金补偿的途径主要有建立生态补偿基金、引入生态建设项目、信贷优惠、减免税收、财政转移支付、贴息等形式。鉴于皖西大别山地区为合肥经济圈提供巨大的生态系统服务价值，可以采用引入生态建设项目、建立生态补偿基金等操作性较强的方式实现。具体实施途径为：首先，引入生态建设项目。以天然林保护、生态公益林建设、退耕还林、封山育林、人工造林等为主要建设目的，加强江淮分水岭、皖西大别山水库上游水源涵养与森林保护、巢湖流域上游水土保持与面源污染控制、大别山区大型水库群饮用水源保护等重要生态功能区的保护和发展，积极引入生态补偿合作建设项目。其次，财政转移支付。国家、省、市财政每年从上交的税收中扣除一定额度的资金作为生态补偿资金。第三，建立生态补偿基金。提高合肥、六安、巢湖市居民用水价格，增加的资金按一定的比例划入生态补偿基金。生态补偿资金一定要用于合肥经济圈的水源涵养林建设和管护、农业城镇污水垃圾的处理费用补助、限制企业发展造成的损失等。由合肥经济圈相关部门监管这笔资金的使用。

（2）政策补偿方式

政策补偿是上级政府通过制定优先权和优惠待遇的政策对下级政府进行补偿。针对合肥经济圈的具体情况，制定关于财政税收、投资项目、产业发展等方面的政策，以促进经济圈内的重要生态功能区经济发展，政策补偿的主体是政府，客体是重要生态功能区。可以参考国家西部大开发的有关政策和经验，由省政府和合肥经济圈相关部门制定一些优惠政策，促进六安市县等地的经济发展，提高当地人民的生活水平。

（3）产业补偿方式

由经济发展梯度差异引起的产业转移已经成为我国经济发展的必然趋势。研究产业补偿是省会城市合肥以产业项目的方式促进六安等地经济发展的补偿方式。合肥市可以拓展产业支撑，通过与周边地区形成合理分工、资源共享、优势互补等方式转移部分产业。如在装备制造业和家电业上，合肥要利用其品牌、产品优势帮助和带动周边发展配套产业，就近实现零部件供给；又如合肥引进几个农产品加工龙头企业，可与原料丰富的六安、巢湖等周边地区形成协作或产业转移。通过接纳劳动密集型、资源型、高技术低污染型的企业，有利于六安市、巢湖市的产业结构升级，解决劳动力就业，促进区域自然、经济、社会的协调发展，实现产业补偿。同时也有利于加快经济圈内的工业化进程，也使企业的合作伙伴可以降低成本。

（4）智力补偿方式

研究智力补偿是由生态补偿的主体向客体提供无偿技术咨询和指导以培养重要生态功能区的专业人才、技术人才、管理人才等。合肥市应利用国家科技示范城这一优势，通过向六安、巢湖等地提供更多科技服务，增加人才交流、合作往来乃至经济科技间的协作，以此吸引和带动这些地区共同发展进步，实现合肥经济圈的智力生态补偿。同时六安和巢湖等地向合肥提供劳务输出，短期内劳务输出能够提高农民收入水平，长期看劳务输出也为六安、巢湖培养了人才，有力地推动了当地农业产业化、农民城镇化的进程，这种智力补偿的方式也促进了区域经济的发展。

上述生态补偿方式均适用于合肥经济圈，不过由于皖西大别山五大水库将作为合肥市的重要饮用水源地，急需资金支持用来保护水源地的水质和水量，短期内合肥经济圈的生态补偿方式以资金补偿和政策补偿为主，但是资金补偿和政策补偿只是输血型补偿，不能解决根本问题，随着六安市经济的发展，五大水库区域的生态环境的改善，生态补偿方式应侧重于智力补偿、产业补偿等造血型补偿方式。

5.4　结论与讨论

（1）六安、巢湖等重要生态区为合肥经济圈提供了优良的生态环境和资源条件，量化合肥经济圈生态系统服务价值是实施区域生态补偿标准的重要依据和基础，是实现生态补偿机制的关键要素。

（2）基于生态系统服务价值和基于发展机会的生态补偿标准核算作为合肥经济圈生态补偿标准范围的上下限。合肥经济圈生态系统服务价值作为生态补偿的标准范围，没有考虑部分水资源等价值为当地服务，所以，区域生态补偿标准的估算，需要根据水资源、碳排放效应、森林资源等分类细化分析才更加符合实际。

（3）由于生态系统服务价值的核算套用了相关计算公式和通用单位面积服务价值表，若加入区域调整系数，可以更加客观准确地量化生态系统服务价值；基于发展机会成本的生态补偿标准核算方法相对贴近区域的实际，对合肥经济圈生态补偿机制的可操作性具有一定的指导性。

（4）合肥经济圈的主体功能区之间生态、环境和经济利益不平衡产生机理的复杂性,增加准确测算生态补偿的复杂程度。

(5)通过定量分析合肥经济圈生态系统服务的动态变化和生态补偿标准,但对生态补偿方式仅做定性的分析与探讨,通过定量化分析水资源、森林资源碳排放效应的生态补偿标准以及生态补偿实施效果等问题将有待于进一步深入研究。

5.5 本章小结

巢湖和六安是合肥经济圈重要的供水水源地,在保证省会圈经济社会发展的同时,如何维护合肥市水资源地优良的生态环境是迫切需要解决的问题。生态补偿机制是有效解决这一问题的环境经济手段之一。通过分析合肥经济圈内的土地利用变化和生态服务功能价值估算,以及六安市和巢湖市发展权损失,来探讨生态补偿的标准和范围。结果显示:2007 年,合肥经济圈的生态系统服务价值为 356.84 亿元,六安市、巢湖市两区域发展损失是 144.85 亿元,这分别是合肥经济圈水源地区域应获得的生态补偿标准的上下限范围。在此基础上提出生态补偿的四种生态补偿方式,即资金补偿、政策补偿、产业补偿和智力补偿的可行性。

第6章 合肥经济圈水源地
生态补偿环境调查分析

实质上,生态补偿是一种利益再分配和调整机制,其研究层面包括宏观的政策体系和微观层面的受益或者受损对象认知、态度等。目前国内外研究者日益关注生态补偿政策与机制的设计,但研究也大多停留于宏观的政策分析和设计,如生态补偿政策体系的构建、生态税费与公共财政转移机制的设计与论证等,但对于微观主体,如受损主体(如农户)的态度与认知、生态补偿标准与农户实际损失之间的关系等方面缺乏深入研究。因此,可以将农民对生态补偿政策的态度、生态补偿的接受意愿与家庭收入变化情况等进行综合分析,这对于生态补偿标准、宏观政策制定,以及补偿机制的制订将具有很好的参考价值。调查和摸清生态补偿受损主体的具体态度和意愿是开展生态补偿的政策和机制研究的基础。

国内外研究者从补偿对象的微观层面也对生态补偿进行了实证研究,如 Langpap 通过对美国华盛顿州等地的农户调查,研究了生态补偿和担保可以促进农户的保护行为,并提出了生态补偿方法的设计方案。此外,研究者也对生态补偿支付意愿进行了大量研究。如李青等人对太湖上游水源保护区生态补偿支付意愿进行问卷调查分析;李芬等人通过问卷调查对鄱阳湖区农户生态补偿意愿影响因素开展实证研究,以及海南省森林生态补偿机制的社会经济影响分析;Bernard 等人通过对当地居民、企业、游客等的调查,研究了哥斯达黎加国家公园的森林生态服务价值的生态支付机制等。本书以合肥经济圈水源地为例,通过对农户问卷调查资料的整理和梳理来分析水源地居民对生态补偿政策的态度和接受意愿、补偿对收入变化的影响、生态补偿的方式选择等方面的生态补偿机制问题,并提出生态补偿相关建议,为合肥经济圈可持续发展提供科学的依据。

6.1 水源地概况

皖西境内的大别山生态系统保护完好，是重要的饮用水源地。其中淠河属淮河流域，位于六安市北缘，上游有佛子岭、响洪甸、磨子潭、白莲崖四座大型水库(图6-1)。淠河干渠水质良好，淠河引水工程是淠史杭灌溉工程的重要组成部分，合肥市处于淠河灌区下游。据水库管理处统计，工程建成以来，进入合肥市的年均引水量为6.5亿~7.0亿 m³，有效耕地灌溉面积15.33万 hm²。自1980年灌区开始向合肥市供水，显著改善了城区的饮用水水量和水质。

皖西大别山区是合肥市的主要供水水源地。合肥市饮用水源地是巢湖、大房郢水库、董铺水库及通过淠史杭干渠输水的佛子岭、响洪甸水库等，其中巢湖的水质目前已受到严重污染，合肥市现已基本不用其作为饮用水源。目前合肥市从淠河干渠引用上游四大水库的水量约占合肥市区引水总量的90%。董铺、大房郢水库的补水也由淠河干渠引入。

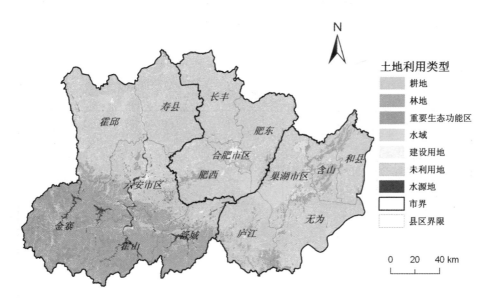

图6-1 研究区位置和水源地分布

6.2 数据来源与研究方法

6.2.1 调查方法

从合肥经济圈的金寨县、霍山县中选择与水源地关系密切的周边村落，以及划定为重要主体功能区或者生态公益林区后居民生活影响较大的村落。先根据合肥经济圈的实际情况设计问卷，调查内容涉及水源地农户对生态补偿政策的认知、意愿、补偿标准、补偿后收入的变化、补偿主体和补偿方式的认知态度。调查的问题由被调查者按照实际情况从供选答案中选择，由此统计被调查者对生态补偿问题的态度和认知。

6.2.2 调查对象的基本情况

本次调查问卷数为379，由于一些被调查者回答的问题有缺失值，这里实际调查的有效问卷人数为352，其中，男性被调查者占74.2%，女性被调查者占25.8%。从被调查者的受教育程度上看，小学及以下者占30.1%，初中者占47.2%，高中者占20.4%，大学及以上者占2.3%。从被调查者的年龄分布上看，30岁及以下的占15.3%，31～55岁占43.2%，55岁及以上占41.5%（表6-1）。

表6-1 被调查人员基本情况

基本情况	分组	人数	占总人数的百分比
性别	男	226	74.2%
	女	124	25.8%
年龄	30岁及以下	54	15.3
	31～55	152	43.2%
	55岁及以上	146	41.5%
教育	大学	15	2.3%
	高中	79	20.4%
	初中	131	47.2%
	小学及以下	127	30.1%

6.3 合肥经济圈水源地生态补偿环境调查和对策

6.3.1 合肥经济圈水源地生态补偿环境调查

(1)水源地生态补偿政策认知

就生态补偿政策了解程度和支持情况来看(图6-2),51.3%的农民认为是说不好(仅仅听说补偿政策),12.4%的农民对具体相关政策和规定不知道,所以生态补偿政策的宣传工作对生态补偿制度的实施非常重要。34.5%的农民态度是了解和支持,对主体功能区资源或水资源的生态补偿政策配合、大力支持和倡导宣传共计占76.3%,73.5%的农民愿意参加水源地环境建设,所以水源地实施生态补偿政策是有一定支持基础的。

从居民对水源地环境保护和建设意愿来看,32%的农民认为不愿意参加水源地环境建设的理由是对政府的补偿政策持怀疑态度,补助年限不够长、具体问题不清楚分别占22.8%和23.3%(图6-3),所以,具体实施生态补偿政策还需要做大量细致的工作。由于当地被调查农民对于生态补偿政策不太了解、认识不清,分析农民生态补偿接受意愿及其影响因素,有利于生态补偿制度的制定和相关措施的实施。

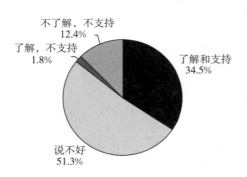

图6-2 水源地生态补偿认知调查

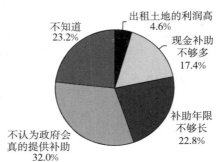

图6-3 影响水源地环境建设因素调查

(2)水源地生态补偿标准和生态补偿带来收入变化

皖西的响洪甸、佛子岭、磨子潭、白莲崖等水库为合肥市提供饮用水,据调查合肥市居民每人每年支付30～50元(人民币)作为水源地保护费的占

8.4%,10～20元、20～30元选项的比例分别占5.3%和5.7%,77.5%水源地的农户认为补偿价格应该由水费价格或经济发展水平而定(图6-4)。

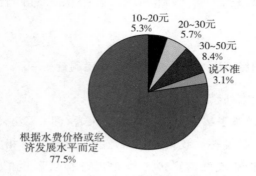

图6-4　水资源补偿价格意愿调查

随着经济发展,收入水平的提高,居民的支付意愿随之提高,所以水源地生态补偿的支付意愿与区域经济发展水平(人均GDP)紧密联系,而且90%的居民认为此费用支付方式是通过增加水费来缴纳,这种支付方式还降低了交易成本,对资金的监管也容易操作。68.7%的农户认为具体水资源的生态补偿标准由保护成本和资源价值来确定比较合适,19.8%的农户认为由专业人员来估算比较合理(图6-5)。

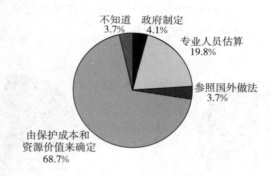

图6-5　水资源补偿标准确定调查

关于农户收到补偿金后的用途:58.1%的农户用于购买生产资料(如种子、化肥等)等用途,15.4%的农户用于购置生活用品(衣物等),11.2%的农户用于教育和就业培训方面,10.6%的农户用于购买衣食等生活资料,解决温饱问题;4.7%的农户用于医疗费用等(图6-6)。这说明农民生活水平低下,为了维持生计,在维持农业生产方面投入的费用占收入的大部分。生态补偿对解决区域温饱和消除贫困非常重要。

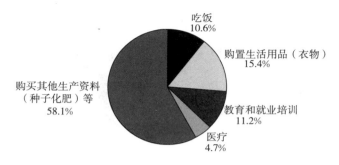

图 6 - 6　农户对补偿资金用途调查

从生态补偿对水源地区域农民收入的影响调查显示(图 6 - 7),部分农户认同合肥经济圈生态补偿制度对于改善环境质量有利,34.5%的水源地居民认为生态补偿政策实施会改善生活,但是经济发展仍然受到限制,期望能通过制定相关的优惠政策或外出打工来提高其生活水平。39.4%的水源地居民对生态补偿政策持怀疑态度,认为经济发展与水源地生态保护之间存在矛盾,制约经济发展,生态补偿的标准不会太高,给人们的直接经济受益不明显。21.2%的水源地居民对具体的生态补偿政策不了解,需要有明确、具体的补偿政策措施。

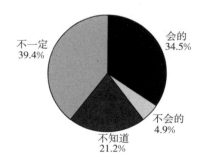

图 6 - 7　生态补偿政策实施效果认可度调查

(3)水源地生态补偿主体认知

关于补偿金的发放问题,34.9%的农户认为应由省政府或经济圈机构来发放,理由是省政府或经济圈直接发放手续简单,可以减少领取补偿金的烦琐程序;26.7%的农户认为应由县政府发放,理由是县政府有资金来源,能够保证补偿金的发放;28.8%的农户认为由经济圈内的企业来发放,

3.8%的农户认为应由乡政府发放；5.8%的农户认为由其他机构发放（图6-8）。

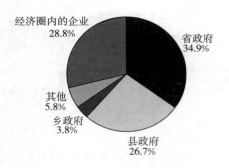

图6-8　生态补偿金发放机构意愿调查

就水资源生态补偿的主体来说，39.7%的农户认为合肥经济圈内的由受益企业和事业单位来发放，34.8%的农户认为由合肥经济圈内的污染企业来支付（图6-9），原因是污染企业对水资源产生较大的污染，应该承担主要资源价值的损失，可以通过环境资源税费制度等措施来实现。

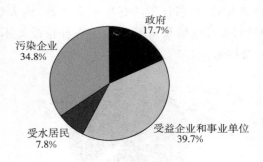

图6-9　生态补偿主体调查

（4）水源地生态补偿方式

生态补偿实质上是一种利益再分配和调整的机制，生态补偿与生态环境等公共物品的使用相关，生态补偿的受益或者受损对象都很广泛。生态补偿形式多种多样，包括政策补偿、制度补偿、实物补偿、资金补偿、技术补偿等。合肥经济圈功能区之间的补偿除资金、实物外，还可以采取绿色产业带动合作、提供人才技术支持、制定相关的优惠政策等多种方式，以促进水源地地区经济的发展。

以皖西大别山水源地生态补偿方式调查来看（图6-10），36.7%的居民赞成技术培训方式补偿,32%的居民赞成优惠政策来补偿,21%的居民赞成资金补偿。

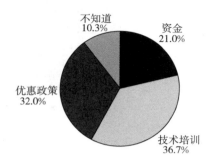

图 6-10　生态补偿方式意愿

从水源地居民对外出打工技术培训意愿和态度来看,61.3%的居民愿意通过技术培训满足外出打工需要或发展补偿产业,35.6%的居民会考虑政府举办的外出打工的技术培训和指导(图 6-11)。由此说明,开展水源地居民外出打工技术培训会有多数人支持。

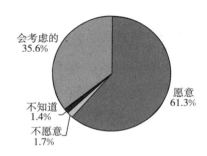

图 6-11　水源地居民对技术培训意愿调查

由于水源地建设需要,37%的农民认为去处合适就愿意放弃土地外出打工,32%的农民认为培训后有技术就愿意放弃土地外出打工(图 6-12)。为了水源地,17%的农民愿意迁出目前居住地,37.0%农民是否愿意迁出目前居住地,取决于安置地合适性。这说明水源地生态补偿的相关工作能够细致完成,其补偿制度的实施会得到多数人的理解和支持。

皖西大别山区人均耕地面积少,土地本身农业生产条件也差,山区有着较丰富的自然资源,如矿产、林业、水和旅游资源。但境内由于水库通过淠河为合肥市提供饮用水,为保护水源,山区资源开发也受到许多限制。所以,多数人认为通过技术培训外出打工来改善生活或谋生,或优惠政策来发

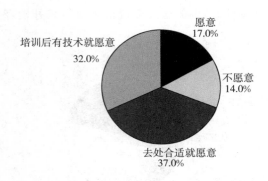

图 6-12　水源地居民对移民搬迁和就业意愿调查

展旅游业、加工工业等作为经济收入,部分农户也认为资金是直接补偿方式。以上生态补偿方式均适用于合肥经济圈。重要饮用水源地急需资金支持,用来保护水源地的水质和水量,短期内合肥经济圈的生态补偿方式以资金补偿和政策补偿为主,但是资金补偿和政策补偿只是输血型补偿,不能解决根本问题,随着六安市经济的发展,水源地区域生态环境的改善,应侧重于技术培训补偿、产业补偿等造血型补偿方式。

6.3.2　生态补偿的对策与建议

皖西大别山区水源地生态环境建设,大多数居民的生存和发展与生态林保护发生了冲突,限制了居民收入的增加,他们从生态补偿中仅得到较少的补偿资金,水源地生态补偿应与扶持欠发达地区发展紧密结合,建立科学、可操作性的水源地生态补偿制度,为水源地生态环境保护者实施补偿,实现生态公平,调动人们保护水源地的积极性,加强水源地生态林的培育和保护。基于生态补偿问卷调查研究,针对合肥经济圈生态补偿的实际,提出以下建议,为合肥经济圈水源地生态补偿机制的开展提供政策依据。

(1)提高生态补偿主客体的参与权

水源地生态补偿必须得到全社会的关心和支持,应注重生态补偿的科普教育和大众宣传,提高群众的生态补偿意识,明确水源地生态补偿的政策,以及责、权、利的划分。在制定合肥经济圈生态补偿决策的时候应该多听取农户的意见和建议,提高其参与权,保证其应有的权利和义务,使农户积极主动地参与到生态补偿制度建设和生态环境保护之中。

(2)科学制定生态补偿标准

水源地生态补偿标准是实施生态补偿的核心问题,关系到补偿的效果和补偿者的承受能力。补偿标准的确定应基于现有经济活动受影响的机会成本和受偿意愿两个因素,依据造林和保护成本比较符合实际,按照所需的人力、物力进行成本核算,并以此确定补偿标准。关于生态补偿标准的制定,合肥经济圈应以国家已有的规定为前提,结合当地的实际情况,制定生态补偿标准,先在个别乡镇试行,然后在合肥经济圈范围内推广。

(3)构建高效的生态补偿管理机构

从国内现实情况来看,补偿接受者有各级政府、农户等,而补偿支付者有各级政府、非政府组织、居民等,生态补偿相关政策实施涉及的事务和人员众多,需要高效的管理机构来有效地完成各项工作,所以构建有效的生态补偿机构是实施补偿政策的重要环节。从农户对补偿金发放者选择的结果来看,大部分被调查农户愿意由省政府或合肥经济圈直接分配补偿金,体现了对上级政府和合肥经济圈机构的信任。通过县政府、乡政府和村委会等各级政府发放,会使生态补偿金部分流失或不能够及时到位,办事效率低,直接影响生态补偿政策的实施。

(4)积极开展"输血型"和"造血型"补偿相结合的补偿方式

根据水源地生态补偿方式问卷调查研究得出,短期内合肥经济圈的生态补偿方式以资金补偿和政策补偿为主,也需要智力补偿、产业补偿等"输血型"补偿方式。如通过项目产业等补偿的形式,将补偿资金转化为项目产业安排到水源区,帮助水源区群众建立替代产业,来发展生态经济产业、解决就业和增加收入,补偿的目标是增加水源区的发展能力,形成造血机制与自我发展机制,使外部补偿转化为自我积累能力和自我发展能力。同时,安徽省政府也应加大投入力度,改善村民的教育、卫生和生产技能等教育方式,让更多的劳动力有一技之长,外出打工的适应能力增强,有效地改变农民的产业结构比例以及增加其收入来源,解决有限的耕地与剩余劳动力之间的冲突。同时加强基础设施建设,改善农民的生产经营环境。

(5)扩展多元化融资渠道

从水源地生态补偿主体认知调查可知,抓住公众对水资源的支付意愿,合肥经济圈应该扩展多元化融资渠道,加强对个人、企业的激励机制,采取积极鼓励和优惠的配套政策;在人力和资金都缺乏的贫困地区,合肥经济圈相关部门应参与相关的国内外补偿项目,寻求相关组织捐赠的补偿资金,实现补偿主体多元化、补偿方式多样化,推动生态补偿机制和制度的顺利实施。

6.4　本章小结

　　生态补偿已经成为当前全社会广泛关注的热点问题。本文从水源地农村居民认知和态度的角度,调查皖西大别山水源地居民对合肥经济圈生态补偿政策的意愿、补偿标准、补偿后收入的变化、补偿方式的接受意愿。结果显示:76.3%的水源地居民对主体功能区资源或水资源的生态补偿政策配合、大力支持和倡导宣传;77.5%的水源地居民认为水资源生态补偿标准由水费价格或经济发展水平而定,34.5%的水源地居民认为生态补偿政策实施会改善居民生活。生态补偿金多数用在投入农业生产方面。34.9%的农户认为生态补偿金应由省政府或经济圈机构来发放,38.9%的农户认为生态补偿金由经济圈内的受益企业和事业单位来支付。从生态补偿方式的意愿来看,67.7%的农户愿意通过技术培训满足外出打工需要或发展补偿产业。在对水源地生态补偿环境调查分析的基础上,提出生态补偿机制的实施对策。

第7章 合肥经济圈生态补偿空间优先选择

　　国内外关于生态补偿的研究内容主要有：生态补偿的内涵、生态补偿的理论基础、生态补偿标准、生态补偿政策与机制研究、关于生态补偿实践和方法、生态补偿效应分析和评价。实质上，生态补偿是一种利益再分配和调整的机制，针对目前我国生态补偿政策不健全、不统一，补偿资金不充足等实际情况，需要以较大的行政机构为实体来统一管理和分配。区域协调和统筹是区域生态补偿的难点问题，不同区域获得生态补偿优先级的确定成为亟待解决的问题。空间优先选择是区域统筹下生态补偿研究的重要内容。目前国内外研究者关注的生态补偿标准和补偿机制，多数没有综合考虑区域经济发展水平的差异性和实际生态功能区定位，基于 GIS 生态补偿空间选择优先等级等方面的研究还很少。

　　安徽省正实施合肥经济圈发展战略和生态省建设，自然资源利用、生态环境保护与可持续发展之间的矛盾日益凸显，完善生态补偿机制被认为是推进生态省建设的重要举措，也是统筹区域协调持续发展的重要保障。同时安徽省是一个经济发展还不够平衡的省份，在安徽省的生态省建设过程中，保护生态环境需要综合考虑和解决区域之间、各经济主体之间的利益均衡问题，生态补偿机制不但能为生态保护筹措资金，而且能统筹协调各区域的关系，促进社会的可持续发展。因此，开展合肥经济圈生态补偿优先等级和协调机制研究具有重要的现实意义。本研究综合考虑区域的生态系统服务以及当地的经济发展水平，探讨生态补偿优先区域的选择，为开展合肥经济圈功能区的生态补偿机制研究提供理论基础和科学依据，对协调区域经济发展与生态环境保护，促进区域可持续发展，具有极其重要的意义。

7.1 数据来源和研究方法

7.1.1 数据来源与处理

　　土地利用数据来源与处理同 4.1.2。在 ArcGIS9.2 软件中进行目视解译，并进行野外精度验证（正确率为 94％，满足本研究需要），获取 2007 年区域各类土地利用类型的面积，然后计算各类土地的生态服务功能价值。合肥经济圈 5 个市和 15 个县、市区的 GDP 数据由《安徽统计年鉴(2008)》获取。

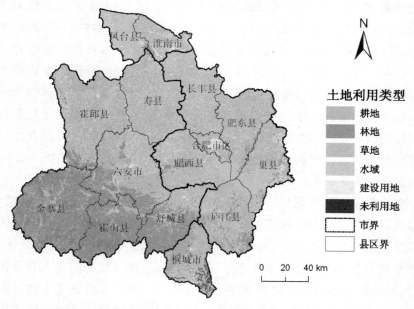

图 7 - 1　合肥经济圈范围和 2007 年土地利用类型分布

7.1.2 生态服务功能价值的估算

　　随着土地利用类型的改变，区域生态服务功能也发生变化。本文采用 Costanza 等人的生态系统服务功能价值评价模型，参考陈仲新等人的国内生态系统服务与效益的生态价值估算标准，以谢高地等人修订的不同类型生态系统单位面积服务价值为依据（表 7 - 1），计算经济圈生态系统服务价值，其计算公式为：

$$ESV = \sum (A_k \times VC_k) \qquad (7-1)$$

$$ESV_f = \sum (A_k \times VC_{fk}) \qquad (7-2)$$

式(7-1)、式(7-2)中 ESV 为区域生态系统服务总价值，A_k 为区域 k 种土地利用类型(如林地、耕地等)的面积，VC_k 为 k 种土地利用类型生态服务功能价值(表7-1)，ESV_f 为单项服务功能价值，VC_{fk} 为单项生态服务功能(如气体调节、水源涵养等)价值，建设用地各单项服务功能价值取0。

表 7-1　不同陆地生态系统单位面积生态服务功能价值　　(单位：元/hm²)

生态服务价值		林地	草地	耕地	湿地	水体	未利用地
非市场价值	气体调节	3097.0	707.9	442.4	1592.7	0	0
	气候调节	2389.1	796.4	787.5	15130.9	407.0	0
	水源涵养	2831.5	707.9	530.9	13715.2	18033.2	26.5
	土壤形成与保护	3450.9	1725.5	1291.9	1513.1	8.8	17.7
	废物处理	1159.2	1159.2	1451.2	16086.6	16086.6	8.8
	生物多样性保护	2884.6	964.5	628.2	2212.2	2203.3	300.8
	娱乐文化	1132.6	35.4	8.8	4910.9	3840.2	8.8
	总计	16944.9	6096.8	5140.9	55161.6	40579.1	362.6
市场价值	食物生产	88.5	265.5	884.9	265.5	88.5	8.8
	原材料	2300.6	44.2	88.5	61.9	8.8	0
	总计	2389.1	309.7	973.4	327.4	97.3	8.8

7.1.3　区域生态补偿优先等级确定

区域生态补偿优先等级主要考虑经济发展水平和生态服务功能两个方面，在合肥经济圈内经济欠发达地区，生态环境优良，为了促进区域协调可持续发展和社会公平，应该优先实行生态补偿。由于生态系统服务的市场价值已经在市场机制中转化成货币，已在区域经济发展中有体现，故在此估算生态服务功能价值时，只考虑非市场价值。本研究计算生态补偿优先等级的方法是：以区域的单位面积生态系统服务的非市场价值和单位面积 GDP 的比值来表示不同区域获得生态补偿的优先级。具体表达如下：

$$ECPS = VAL_n / GDP_n \qquad (7-3)$$

式(7-3)中,ECPS 是生态补偿优先等级,GDP_n 表示单位面积地区生产总值,VAL_n 表示单位面积生态服务的非市场价值。生态补偿的优先等级反映区域生态环境保护的紧迫性和经济发展的影响效果,生态补偿优先区域应该是支付生态补偿后有利于保护区域优良的生态环境、对其经济状况影响较小,生态补偿效率高。

7.2 结果分析和讨论

7.2.1 生态补偿优先等级确定

(1)合肥经济圈各市生态补偿优先等级

合肥经济圈五市的生态服务功能价值和生态补偿优先等级存在较大差异(表7-2)。六安市的单位面积市场价值和非市场价值分别为 22.178 和 182.482 亿元/(a·hm²),均为最大;其次是合肥市和巢湖市;淮南市最小。

由 2007 年各市非市场价值和经济发展水平(GDP),得到五市的补偿优先等级(表7-2),六安市和巢湖市均较大,值分别为 0.415 和 0.402;其次为巢湖市;合肥市和淮南市均较小,优先等级指数反映区域需要补偿的迫切程度,六安市和巢湖市为合肥经济圈提供优良的生态服务,经济发展较为落后,应该优先得到生态补偿;而合肥市和淮南市的生态补偿优先等级较小,经济发展水平较高,区域生态服务功能低,并不迫切需要生态补偿,应当率先进行生态支付。

表 7-2 2007 年合肥经济圈各市生态系统服务价值和补偿优先等级

区域	市场价值 亿元/(a·hm²)	非市场价值总量 亿元/(a·hm²)	单位面积非市场价值(万元/a)	GDP(亿元)	生态补偿优先等级
合肥市	6.053	50.415	6.73	1334.2	0.038
六安市	22.178	182.482	11.04	439.8	0.415
巢湖市	3.718	48.621	9.91	120.99	0.402
淮南市	1.677	15.667	7.42	358.71	0.044
桐城市	1.981	18.916	11.55	76.12	0.249

(2)合肥经济圈各县生态补偿优先等级

合肥经济圈15个县、市区的非市场价值和生态补偿优先等级也存在较大差异（表7－3、图7－2～图7－3）。金寨县的单位面积非市场价值分别为47.910亿元/（a·hm²），为最大；其次是霍邱县、六安市、霍山县和巢湖市；合肥市最小（图7－2）。

表7－3 2007年安徽省会经济圈各县、市区单位面积生态系统服务价值

区域	市区、县	市场价值 亿元/（a·hm²）	非市场 价值总量 亿元/（a·hm²）	单位面积 非市场 价值（万元/a）	GDP （亿元）	生态补偿 优先等级
合肥市	合肥市区	6.45	2.771	57.09	1024.41	0.003
	长丰	8.04	14.753	61.66	69.96	0.211
	肥东	8.28	14.940	65.05	117.08	0.128
	肥西	8.25	17.951	77.35	122.75	0.146
六安市	六安市区	11.28	29.155	81.49	146.07	0.200
	寿县	7.94	21.744	73.33	66.31	0.328
	霍邱	8.40	31.492	82.84	80.58	0.391
	舒城	16.03	24.740	117.69	60.86	0.407
	金寨	14.86	47.910	122.24	39.76	1.205
	霍山	16.64	27.439	134.21	46.22	0.594
巢湖市	巢湖市区	7.06	28.349	138.30	120.99	0.234
	庐江	9.65	20.271	86.16	64.78	0.313
淮南市	淮南市区	7.74	7.731	76.24	262.21	0.029
	凤台	8.13	7.936	72.37	96.5	0.082
桐城市		12.10	18.320	111.86	76.12	0.241

从图7－3可以看出，合肥市区、淮南市区和凤台县3个区域的补偿优先级最小，分别为0.003、0.029和0.082，为合肥经济圈主要"生态消费区"，因此需要率先支付生态补偿。而金寨县的补偿优先级最大，为1.205，其次是霍山县和舒城县，为0.594、0.407，为合肥经济圈主要"生态输出区"，因此应获得生态补偿。5个城市的各县、市区补偿优先等级相对最低的均为市区，说明市区在区域中占据"生态消费"的主要地位，因而需要支付生态补偿；而

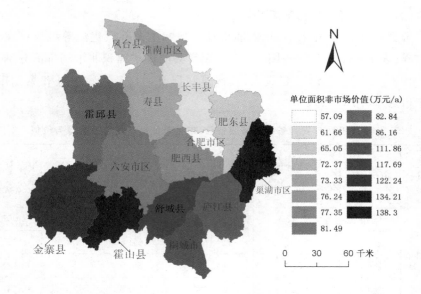

单位面积非市场价值(万元/a)

	57.09		82.84
	61.66		86.16
	65.05		111.86
	72.37		117.69
	73.33		122.24
	76.24		134.21
	77.35		138.3
	81.49		

0   30   60 千米

图 7 - 2   2007 年合肥经济圈各县、市区单位面积非市场价值

各县的补偿优先级相对较高,经济欠发达的地区,为典型的高"生态输出",因此县区应享受生态补偿。

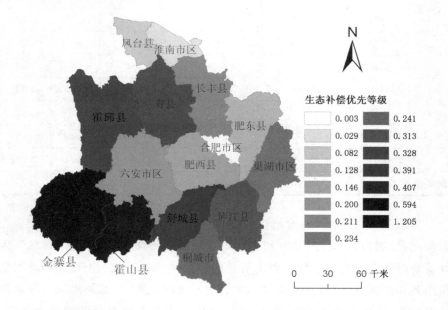

生态补偿优先等级

	0.003		0.241
	0.029		0.313
	0.082		0.328
	0.128		0.391
	0.146		0.407
	0.200		0.594
	0.211		1.205
	0.234		

0   30   60 千米

图 7 - 3   2007 年合肥经济圈各县、市区生态补偿优先等级

7.2.2 结论与讨论

确定生态补偿优先等级是生态补偿机制研究的重要内容,通过对合肥经济圈内的区域生态服务功能和生态补偿优先等级进行分析,得出如下结论:

(1)合肥经济圈 5 市的生态服务功能的非市场价值和生态补偿优先等级差异显著。桐城市和六安市的单位面积非市场价值分别为 11.55 万元/a、11.04 万元/a,生态服务功能强度最大;六安市非市场价值总量是 182.482 亿元/(a·hm²),明显高于其他区域。

(2)从补偿优先等级来看,六安市和巢湖市均较大(补偿优先等级值分别为 0.415 和 0.402),应该优先得到生态补偿,而合肥市和淮南市均较小,应当最先进行生态支付。

(3)合肥经济圈 15 个县、市区的生态补偿优先等级分析显示:金寨县的单位面积非市场价值和补偿优先级均为最大(非市场价值为 138.30 万元/a,补偿优先等级值为 1.205),与最低值相比,分别高出 402 倍和 2.4 倍,霍山县和舒城县的单位面积非市场价值和补偿优先级也均较大,皖西大别山县区是合肥经济圈重要"生态输出区",因此应首先获得生态补偿。

本研究选择区域的生态系统服务功能价值和经济发展水平指标,探讨生态补偿优先等级,为区域生态补偿优先地区的选择提供了较为可靠的定量化依据。生态系统服务功能价值标准对于不同区域存在很大差异,本研究采用我国陆地生态系统单位面积生态服务功能价值当量,故使研究结果存在一定误差;同时目前生态服务功能价值评价方法也逐渐多样化,各种方法都存在一定的优点和不足。以后将结合合肥经济圈单位面积生态服务功能价值修订值,选择合适的生态价值评估方法,提高评价精度,此方面研究有待进一步深入探讨。

7.3 本章小结

生态补偿已经成为当前全社会广泛关注的热点问题,补偿优先领域确定是区域协调发展研究的重要内容。利用 2007 年遥感图像 TM 数据,对合肥经济圈的生态系统服务价值和生态补偿优先等级进行了计算。研究结果显示:(1)2007年,合肥经济圈内五市提供的非市场价值总量最大的是六安市,生态补偿优先等级是六安市＞巢湖市＞桐城市＞淮南市＞合肥市;(2)经济圈的六安市为典型的高"生态输出"、经济欠发达的地区,应优先享受区域生态补偿。合肥市为高"生态消费"、经济发展水平高,应优先支付补偿。(3)就各市内部来说,市区的补偿优先等级高于周围县域;各县、市区的单位面积非市场价值和生态补偿优先等级差异显著,其中金寨县和霍山县的生态补偿优先级最高。本研究为区域生态补偿提供科学依据。

第8章　合肥经济圈生态补偿
分配模型构建与应用

当前国内对生态补偿的研究主要集中在生态补偿理论内涵、模式、标准、主客体关系和补偿机制等方面，对区域生态补偿分配模型构建研究还很少涉及。生态补偿量的确定和补偿分配是生态补偿机制建立的重点和难点。国外生态补偿的研究侧重补偿意愿和补偿时空配置的研究。如 Bienabe E ＆ McVittie A 、Moran D ＆ McVittie A 等人建立了多项式逻辑斯谛回归模型或通过 AHP 和 CE 法，研究生态补偿参与支付意愿程度。Johst K 通过生态经济模型程序研究生态补偿时空定量研究，为补偿政策实施提供了技术支持。

国内学者也对生态补偿标准和模型系数进行探讨。如：吕志贤和傅晓华等人应用主成分分析法对湘江流域生态补偿系数和计量模型定量分析，对统一的补偿标准进行修正；刘强等人对广东省东江流域城市饮用水水源地生态补偿资金分配研究进行估算；白景锋等人对南水北调中线河南水源区的跨流域调水水源地生态补偿进行测算与分配研究。但目前还没有对生态补偿资金的分配模型开展研究的，公共资源价值补偿如何进行合理分配是生态补偿的关键和现实问题。

安徽省正实施合肥经济圈发展战略和生态省建设，自然资源利用、生态环境保护与可持续发展之间的矛盾日益凸显，完善生态补偿机制是推进生态省建设的重要举措，也是统筹区域协调持续发展的重要保障。根据合肥经济圈的实际情况和环境问题，确定生态补偿的指标体系，利用层次分析法确定权重，构建分配模型和补偿额分配，促进区域的可持续发展。

8.1　研究方法

8.1.1　生态补偿分配主要影响因素

合肥经济圈生态补偿主要体现在提供的生态服务和资源价值，尤其是极为丰富的森林资源成为区域水源涵养重点地区后,将对维护区域生态安全和生态服务起到关键作用。为了定量化确定经济圈生态补偿的标准,本研究重点考虑碳排放和水资源。生态补偿标准和合理分配是生态补偿政策实施的基础,其分配的合理性直接关系到主客体之间的利益协调,同时也关系到能否有效地实现区域生态环境保护的目标。根据合肥经济圈的实际,综合考虑区域环境现状、资源总量、人口数量、经济发展水平、社会公平、技术水平等多种因素,以区域内水资源利用量与碳排放量为基础,各县(市区)域为生态补偿分配的主体,按照生态补偿人口合理分配,结合区域实际、保护环境、公平合理的原则,进行了生态补偿分配模型的构建。

模型构建的主要影响因素有:(1)环境资源现状。目前经济圈生态补偿主要与林地资源量和水资源密切相关,所以生态补偿政策首先考虑的是区域环境资源状况。(2)经济发展水平。区域重要生态区为了保护区域生态环境,不得不关闭或者限制、拒批了一批污染较大的企业而影响了地区经济发展,区域人口和GDP总量、产业结构和经济发展水平可能存在一定的差异,对生态补偿贡献率也是不同的。因此,生态补偿分配必须考虑经济发展水平因素。(3)社会公平。生态补偿应该考虑向相对欠发达地区倾斜,体现社会公平的原则。(4)科技水平与环境治理。合肥经济圈各区域经济发展阶段与科技水平存在一定的关系,科技水平对生态补偿的区域环境质量存在很大影响,因此,生态补偿分配应根据区域科技水平的差异进行一定的调整,生态补偿应该考虑科技水平因素。

8.1.2 分配模型构建

(1)模型指标体系和权重确定

生态补偿分配影响因素指标遴选。参考前人研究,结合合肥经济圈的实际,建立的影响生态补偿效益和分配的指标体系结构框架,它是由1个目标层(生态补偿效益)、4个准则层(生态环境与资源、经济发展、社会公平、科技水平与环境治理)、43项指标组成。即生态环境与资源:耕地面积比重、人均耕地面积、土地复种指数、人均水资源量、人均森林面积、森林覆盖率、森林资源量、自然保护区占区域面积比重、有效灌溉面积、治涝地面积占耕地面积比重、治理水土流失面积占区域面积比重、人均生活用水量、水资源量、生态服务功能价值;经济发展:人均GDP、非农人口比例、人口密度、能源消费量、碳排放总量、人均农民纯收入、人口增长率占GDP增长率的比重、

GDP 环比增长率、环保治理总投入、GDP、资源配置率（固定资产投资额/GDP）、工业固体废物生产量；社会公平：工业增加值、人口总量、贫困地区倾斜指数、地区开发指数、贫困人口比例；科技水平与环境治理：建设用地碳排放强度、科技经费数量、科研人员比重（拥有的大专以上人口比例）、教育经费数量、科技人员数量、工业废水排放量、工业废水处理量、工业废水处理率、工业固废综合利用率、三废综合利用产品产值、研发经费支出占 GDP 比例。对上述指标进行极差标准变换对数据进行处理：

$$a'_i = \frac{a_i - a_{i\min}}{a_i - a_{i\max}} \tag{8-1}$$

$$a''_i = a_i \times 100 \tag{8-2}$$

$$b''_i = 100 - a''_i \tag{8-3}$$

式（8-1）～式（8-3）中，i 是各参与分配的区域，$i = 1, 2, \cdots, n$；a_i 是第 i 个分配区域某个指标的原始值，$a_{i\max}$ 和 $a_{i\min}$ 是该指标的最大值和最小值，极差标准化后，a'_i 可满足 $0 \leqslant a'_i \leqslant 1$，为便于计算将其扩大 100 倍。此外，通过主成分分析中的相关系数值，将负相关（如工业增加值、人均 GDP）的指数由式（8-3）将其转化为正相关指标。

为了确定选择指标对分析主题的相关性和科学性，运用 SPSS15.0 统计软件进行主成分分析，根据成分相关系数大小，来确定影响生态补偿分配因素指标 18 项（表 8-1）。

表 8-1　生态补偿分配影响指标权重

准则层	准则层权重	指标层	指标层权重	最终权重 α_k（%）
生态环境与资源	0.385	森林覆盖率	0.294	11.32
		水资源量	0.236	9.09
		生态服务功能价值	0.289	11.13
		人均耕地面积	0.181	6.97
经济发展	0.257	人均 GDP	0.272	6.99
		非农人口比例	0.142	3.65
		人均农民纯收入	0.297	7.63
		能源消费量	0.133	3.42
		资源配置率	0.156	4.01

准则层	准则层权重	指标层	指标层权重	最终权重 α_k（%）
社会公平	0.194	工业增加值	0.182	3.53
		贫困地区倾斜指数	0.275	5.34
		人口总量	0.134	2.60
		地区开发指数	0.225	4.37
		贫困人口比例	0.184	3.57
科技水平与环境治理	0.164	建设用地碳排放强度	0.291	4.77
		工业废水处理率	0.421	6.90
		科研人员比重	0.167	2.74
		研发经费支出占 GDP 比例	1.121	1.98

本研究以六安市获得的生态补偿资金额为例探讨分配模型构建,选取与主成分因素得分高的相关指标,由采用层次分析法（AHP）确定各指标的权重:首先以专家咨询的方式进行调查,然后构造判断矩阵（表8-2）、层次单排序及一致性检验、层次总排序及指标权重计算。具体权重计算由 yaahp6.0 软件来确定。

具体过程和步骤如下:

① 建立层次结构。把复杂问题的各种因素划分成相互联系的层次结构模型:目标层、准则层、指标层、评价层。

② 构建判断矩阵。根据客观现实进行判断,给每一层次元素两两间的相对重要性以相应的定量化,然后构建判断矩阵（表8-2）。

表8-2　各指标的判断矩阵

A_k	B_1	B_2	$\cdots$	B_n
B_1	b_{11}	b_{12}	$\cdots$	b_{1n}
B_2	b_{21}	b_{22}	$\cdots$	b_{2n}
$\cdots$	$\cdots$	$\cdots$	$\cdots$	$\cdots$
B_n	b_{n1}	b_{n2}	$\cdots$	b_{nn}

其中,b_{ij} 表示对于 A_k 而言,元素 B_i 对 B_j 的相对重要性的判断值。b_{ij} 一般取 1、3、5、7、9 等 5 个等级,其意义为:1 表示 B_i 与 B_j 同等重要;3 表示 B_i

较 B_j 稍微重要；5 表示 B_i 较 B_j 明显重要；7 表示 B_i 较 B_j 强烈重要；9 表示 B_i 较 B_j 极端重要；1/3 表示 B_j 较 B_i 稍微重要，其他类推。具体权重如表 8-1。

③ 层次单排序及一致性检验。层次单排序实际上是求单目标判断矩阵的权数；一致性检验，是指对专家填写的判断矩阵是否具有一致性进行检验，以确保思维的前后一致性。

$$CR = CI/RI \qquad (8-4)$$

$$CI = (\lambda_{max} - n)/(n-1) \qquad (8-5)$$

式（8-4）、式（8-5）中，CR 为一致性比例；CI 为一致性指标；RI 为随机一致性指标；λ_{max} 为判断矩阵的最大特征根；n 为成对比较因子的个数。当 CR<0.10 时，认为判断矩阵的一致性是可以接受的，否则应对判断矩阵作适当修正。

④ 层次总排序及其一致性检验。层次总排序就是利用层次单排序的结果计算各层次的组合权值。当一致性指标符合标准时，则总排序的计算结果是可靠的。

⑤ 用方根法求出各因素的相对权重值，从而确定全部要素的相对重要性次序及其对上一层的影响。计算过程为：先将判断矩阵中各行元素相乘得到乘积 M_i，以及对 M_i 计算 n 次方根 ω_i，且对向量 ω_i 进行正规化处理，即 $\omega_i = \omega_i / \sum \omega_i$，可得单（总）排序权值；再利用公式 $\omega_i' = p_i \omega_{ij}$ 计算组合权重值，其中 ω_{ij} 为单排序权值，P_i 为总排序权值，ω_i' 为各指标组合权重值。

（2）分配模型

在一确定的因素下，首先得到该因素下各地区的指标值，然后将这些指标值归一化，即为该因素条件下各地区该指标的比例。其计算公式为：

$$P_{ik} = \frac{U_{ik}}{\sum_{i=1}^{m} U_{ik}}, \text{且} \sum_{i=1}^{m} P_{ik} = 1 \qquad (8-6)$$

区域生态补偿分配比例公式为：

$$P_i = \sum_{k=1}^{n} \alpha_k P_{ik}, \text{且} \sum_{k=1}^{n} \alpha_k = 1, Q_i = P_i Q_0 \qquad (8-7)$$

式（8-6）、式（8-7）中，Q_i 为第 i 个地区的生态补偿分配量（万元）；Q_0 为生态补偿总量（万元）；P_i 为第 i 个地区生态补偿分配比例（$i=1,2,\cdots,m$）；P_{ik} 为第 k 个因素条件下第 i 个地区指标值在整个区域所占的比重；α_k 为第 k

因素的权重($k=1,2,\cdots,n$);U_{ik} 为第 k 个因素条件下第 i 个地区的指标值。

(3)分配模型实现框架

在确定生态补偿分配指标体系和权重的基础上,实现生态补偿的区域分配空间化显示,还需借助 GIS 技术,将整个分配区域划分为独立的评价单元,对不同的评价单元应用层次分析法进行评价,建立各评价单元生态补偿分配的属性数据库,运用 GIS 技术,通过各区域的 ID 号,将属性数据库和空间显示单元特性相关联,生成基于各评价单元生态补偿的专题地图,从而揭示整个区域生态补偿的空间格局。决策者可以从不同指标层次的补偿贡献和区域空间补偿水平两个方面获得区域生态补偿分配状况,实现分配过程和结果可视化,具体过程如图 8-2。

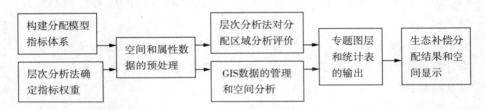

图 8-1　生态补偿分配模型构建流程

GIS 技术实现数据的预处理到空间和属性数据的综合管理,在 ArcGIS10.0 中,通过模型构建器窗口,将各个图层数据集成,以构建模型如图 8-2,通过模型输入各县区单元的指标值,由图层的栅格运算,计算分配结果。模型构建的基本流程如图 8-2,最后选择模型运行即可,完成数据的运算。

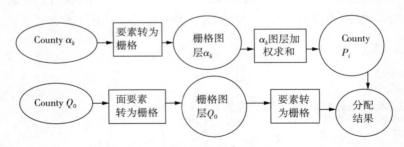

图 8-2　GIS 分配模型及其运算过程

8.1.3　数据来源与处理

影响生态补偿效益和分配的指标中,碳排放总量、生态服务功能价值、建设用地碳排放强度 3 项指标来自文献。地区开发指数和贫困地区倾斜指数由以下方法确定。地区开发指数主要是反映一个地区工业发展水平的指标，是经济发展因素层的重要指标。贫困地区倾斜指数是社会公平层次所需要考虑的因素，赋予各地区以平等的发展权。其衡量标准主要是依据城镇居民人均可支配收入和农村居民人均纯收入按照 2005 年国家平均城镇人口和农村人口的比例（即 41.76 : 58.24）所得到的加权平均值作为数量指标。

$$发展权 = \frac{城镇居民可支配收入}{农村居民可支配收入} \times \frac{国家平均城镇人口}{国家平均农村人口}$$

假设第 i 个区域的人均收入为 x_i，则第 i 个区域的贫困地区倾斜指数为 $I = x/x_i$。从计算公式便可看出，指标值越大越需要倾斜，当 $I > 1$ 时，表示该地区需要倾斜；当 $I < 1$ 时，表示该地区不需要倾斜。其他指标来源于《安徽省统计年鉴（2008）》《六安市统计年鉴（2008）》，部分指标经过整理计算得到。

表 8-3　2009 年六安市影响生态补偿分配因素指标值

准则层	指标	六安市区	寿县	霍邱县	舒城县	金寨县	霍山县
生态环境与资源	森林覆盖率 α_1（%）	28.3	18.0	16.4	46.1	70.0	69.5
	水资源量 α_2（亿 m³）	1.059	1.999	2.565	8.621	49.333	8.608
	生态服务功能价值 α_3（亿元）	33.19	24.11	34.68	28.12	53.73	30.84
	人均耕地面积 α_4（ha）	0.124	0.174	0.161	0.089	0.089	0.063
经济发展	人均 GDP α_5（元）	8536	6843	6993	8006	7637	18051
	非农人口比例 α_6（%）	18.2	12.2	12.1	13.1	12.7	14.6
	人均农民纯收入 α_7（元）	4010	3924	4061	4117	3783	4312
	能源消费量 α_8（万吨标准煤）	164.5	74.7	90.7	68.5	44.8	52.1
	资源配置率 α_9（%）	85.64	71.35	68.27	75.65	51.26	87.15
社会公平	工业增加值 α_{10}（亿元）	15.7	9.8	12.6	7.3	4.8	11
	贫困地区倾斜指数 α_{11}	2.63	1.57	2.18	2.39	1.98	2.01
	人口总量 α_{12}（万人）	185.1	136.4	180.4	99.9	67.1	37.1
	地区开发指数 α_{13}	15.7	9.8	12.6	7.3	4.8	11
	贫困人口比例 α_{14}（%）	10.15	7.00	7.82	7.74	10.13	10.38

准则层	指标	六安市区	寿县	霍邱县	舒城县	金寨县	霍山县
科技水平与环境治理	建设用地碳排放强度α_{15}(t/hm²)	52.54	21.68	22.74	105.68	345.08	654.97
	工业废水处理率α_{16}(%)	96.63	92.31	94.56	93.68	99.45	98.97
	科研人员比重α_{17}(%)	2.11	0.94	0.86	1.05	0.76	0.95
	研发经费支出占GDP比例α_{18}(%)	0.032	0.012	0.015	0.029	0.011	0.031

8.2 生态补偿分配权重确定和结果分析

8.2.1 生态补偿分配模型中各指标权重

合肥经济圈生态补偿分配模型中各指标权重如表8-1。分配结果综合考虑了环境现状、经济发展、社会公平、科技水平与环境治理等因素。根据各指标的权重赋值，最终得到一个综合的分配方案。其中，生态与环境资源权重最大，生态补偿应该倾斜于生态环境优良、资源丰富的区域；经济发展水平，人均GDP、人均农民纯收入等因素也是影响生态补偿的主要因素，而社会公平因素和科技水平因素的权重相对较小。以指标权重大小来区分影响因素的作用差异，是一种较合理的复合实际初始分配权重。

8.2.2 生态补偿分配结果

（1）六安市生态补偿资金总额

据研究，合肥经济圈的生态系统服务价值为356.84亿元，六安市、巢湖市两区域发展损失是144.85亿元，这分别是合肥经济圈水源地区域应获得的生态补偿标准的上下限范围。真正较符合实际的生态补偿标准应该结合区域资源情况来估算，在本人的研究中，水资源和碳排放两个方面是生态补偿的主要依据。

六安市生态补偿分配资金总额是碳排放和水资源两项补偿额之和，其中碳排放补偿额以合肥经济圈各市碳排放量和不同固碳价格估算的生态补偿标准。1997年和2007年，合肥市均为碳源区，六安市和巢湖市均为碳汇区，从碳排放的角度，合肥市应该为六安市和巢湖市进行生态补偿，按照中国造林成本的平均价格估算（272.65元/吨价格），2007年六安市得到的生态补偿额为 71.4 亿元,这是比较接近实际的补偿标准。基于水资源处理费用补偿标准为 1.9797 亿元,水资源处理费用补偿标准是补偿主客体都比较容易接受的实际价格。碳排放和水资源两者总共获得生态补偿 73.38 亿元,为六安市 6 个县区单元的初始总分配资金额。

(2)各县生态补偿分配

将表 8-3 中的各指标值归一化,将六安市各县区指标转化为相应的图层(countyα_k),赋予各图层的权重再求和获得各区生态补偿分配比例图层(countyP_i),六安市区、寿县、霍邱县、舒城县、金寨县和霍山县的 P_i 值分别为:0.064、0.105、0.125、0.130、0.386 和 0.190。通过 countyα_k 的 Q_0(生态补偿总量)图层属性列转化为栅格数据,再将以上两个图层进行地图代数,通过执行模型运算得六安市各县区生态补偿资金分配量如图 8-3。金寨县获得的生态补偿资金最多(28.325 亿元),区内是合肥经济圈最大的碳汇区域,也有梅山和响洪甸两大水库,水资源丰富;其次是霍山县(13.912 亿元),是合肥经济圈第二大碳汇地,区内有佛子岭、磨子潭、白莲崖三大水库;补偿最少的是六安市区(4.969 亿元)。

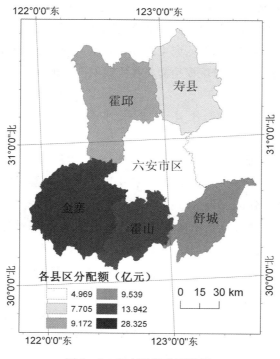

图 8-3　生态补偿分配结果

8.3 结论与讨论

参考环境领域排污权分配理论及应用方法,本研究选取影响生态补偿的环境资源现状、经济发展水平、社会公平和技术水平等方面指标体系,利用层次分析法和德尔菲法确定模型中的参数和各个指标的具体权重;采用多目标线性加权求和模型,根据经济圈碳排放和水源地生态补偿总额,构建补偿额的分配模型;利用 GIS 技术实现数据的预处理、空间和属性数据的综合管理,各个图层数据集成以构建模型,通过模型执行运算和可视化时空分配结果。该模型的分配结果具有综合性的特点,同时由指标权重的方式区分了各影响因素的差异,方法具有一定的实用价值和可操作性,是一种比较合理的生态补偿初始分配模型,能较好地协调各地区之间以及环境保护与社会经济发展之间的关系,但具体指标需要进一步细化。

生态补偿是一种利益再分配和调整机制,不同区域获得生态补偿的再分配确定成为亟待解决的问题。针对目前我国生态补偿政策不健全、再分配研究不足等实际情况,需要切实可行的分配模型和方法,关系到各区域利益协调。有关生态补偿分配模型构建,将结合实际选择更广泛的指标加以筛选,使指标具有科学性和合理性;本研究生态补偿只重点考虑水资源和碳排放,后续研究将有待于深入开展;分配模型需要在实践中进一步验证,进一步完善。

8.4 本章小结

生态补偿已经成为当前全社会所广泛关注的热点问题,补偿额合理分配是区域协调发展研究的重要内容。利用影响生态补偿分配因素的统计数据,综合运用层次分析法和 GIS 技术确定影响分配的指标系统,确定影响分配因素权重,且通过 GIS 技术构建分配框架模型,对生态补偿分配结果进行区域运算和空间表达。在六安市生态补偿分配中,生态环境与资源、经济发展因素权重较大,而社会公平、科技水平与环境治理权重较小。以六安市碳排放和水资源的生态补偿总量 73.38 亿元为目标总量,以六安市各行政单元为分配主体,进行了初始分配模型的应用。六安市区、寿县、霍邱县、舒城县、金寨县和霍山县获得的生态补偿额分别为:4.969、7.705、9.172、9.539、28.325 和 13.942 亿元。分配结果为区域生态补偿提供科学的参考依据。

第9章 合肥经济圈生态补偿效益评价

国内外关于生态补偿的研究内容主要有:生态补偿的内涵、生态补偿的理论基础、生态补偿标准、生态补偿政策与机制研究、关于生态补偿实践和方法、生态补偿效应分析和评价。生态补偿实质上是一种利益再分配和调整机制,目前国内外研究者日益关注生态补偿政策设计与机制探讨,但现有的国内研究主要集中于机制的探索和实践研究,还缺乏对生态补偿内在驱动机制评价研究,尤其是建立科学的评价指标体系来分析生态补偿政策与机制的实施效果评价方面研究还很少[1,5]。本文探索建立定量化的生态补偿效率评价体系,以主成分分析法构建生态补偿效益评价模型,评价生态补偿政策的实施效果,以探讨生态补偿政策实施的针对性和可行性,为合肥经济圈生态补偿机制和政策的后续研究提供科学的依据。

9.1 研究方法、数据来源与处理

9.1.1 评价指标选择

生态补偿与区域经济发展水平、自然资源与生态环境变化、环境污染物治理和排放等因素密切相关,选择指标能够客观地反映生态建设与补偿的作用及效益,结合合肥经济圈实际,建立的评价生态补偿效益指标体系结构框架,由1个目标层(生态补偿效益)、4个准则层(经济协调发展、生态补偿与生态环境、环境治理、环境污染与资源消耗)、22项指标组成(表9-2)。

9.1.2 数据来源与处理

以合肥经济圈4个城市单元为分析样本,所选指标数据来自安徽省统计年鉴(2001—2011年)资料整理而成。

9.1.3 研究方法

主成分分析法原理是利用降维的思想,把众多变量转化为几个综合指标,这几个综合指标为原来变量的线性组合,综合指标保留了原始变量的主要信息,彼此间又不相关,能使复杂的问题简单化,便于抓住主要问题进行分析,且综合评价结果唯一、客观、合理。

运用 SPSS15.0 统计软件对上述指标进行标准化处理后,进行主成分分析,将 4 个城市 22 个指标构成评价矩阵 X_{ij}($i=1,2,3,\cdots,4;j=1,2,\cdots,22$),按主成分分析计算得特征值和累计方差贡献,并用方差最大法正交旋转(最大迭代系数为 25),处理结果如表 9-1~表 9-3 所示。表 9-1 累计方差贡献率前 4 个主成分约占总方差的 94.42%,可以表征原始因子代表的全部信息,从而取前 4 个主成分特征值计算相应各指标因子在主成分中的载荷(表 9-2)。

9.2　生态补偿效益评价结果分析

9.2.1　生态补偿效益评价指标主成分

由上可知,由主成分分析得到的 4 个主成分占了总方差的 94.42%,涵盖指标因子的主要信息,因此,这 4 个主成分中的指标要素可评价生态补偿效益的变化过程。

由表 9-1 可以看出,满足特征值的主成分有 4 个,它们的方差已经可以反映出全体指标 94.42% 的方差变化特征,其特征根分别是 8.56、5.63、3.26、1.28,由 4 个主成分得到生态补偿综合评价模型:

$$Y = 0.432 \ F_1 + 0.284 \ F_2 + 0.164 \ F_3 + 0.065 \ F_4 \qquad (9-1)$$

表 9-1　主成分的特征值(λ)和方差贡献率

成分	因子初始值			旋转因子负荷		
	特征值(λ)	方差贡献率(%)	累计方差贡献率(%)	特征值(λ)	方差贡献率(%)	累计方差贡献率(%)
1	7.81	26.24	26.24	8.56	48.46	48.46
2	6.29	16.07	42.31	5.63	23.87	72.33
3	4.37	11.25	53.36	3.26	17.53	89.86
4	2.14	7.31	60.87	1.28	4.56	94.42

表 9 - 2 是生态补偿评价的 22 个指标分别与 4 个主成分的相关系数。由式(9-1)将生态补偿综合评价指标构建成 4 个主成分之后,通过对表 9-2 分析,结合相关指标给主成分命名并完成综合评价指标的计算。有效灌溉面积、治理盐碱耕地面积占耕地面积比例、土地复种指数、治涝地面积占耕地面积比例、森林覆盖率、人均森林面积、工业固体综合利用率 7 个指标与第一主成分相关度最大,第一个主成分主要反映的是生态补偿与环境治理所产生效果方面的信息。

表 9 - 2　生态补偿效益评价指标体系和主成分载荷

目标层	准则层	指标层	F_1	F_2	F_3	F_4
生态补偿效益	经济协调发展	人口增长率占 GDP 增长率的比重	−0.504	−0.872	−0.351	0.275
		GDP 增长率	0.023	0.897	0.357	−0.115
		环保治理总投入	0.813	0.225	0.617	−0.255
		资源配置率	−0.079	−0.928	−0.197	0.135
	生态补偿与生态环境	土地复种指数	−0.986	−0.172	0.356	−0.156
		人均水资源量	0.157	−0.478	−0.974	0.183
		人均森林面积	0.945	0.179	0.085	0.289
		森林覆盖率	0.915	0.186	0.186	0.127
		人均耕地面积	0.765	0.258	0.246	−0.541
		自然保护区占区域面积比重	0.817	0.421	0.217	−0.113
		有效灌溉面积	0.967	0.102	0.019	0.081
		治涝地面积占耕地面积比重	−0.736	−0.112	−0.197	0.163
		治理水土流失面积占区域面积比重	−0.874	0.324	−0.101	−0.007
	环境治理	工业废水处理量	0.365	0.214	0.923	−0.567
		工业废水处理率	0.588	0.042	−0.687	0.783
		工业固废综合利用率	0.935	0.364	0.054	0.176
		三废综合利用产品产值	0.756	0.384	0.768	0.007
		工业固体废物产生量	−0.785	−0.246	−0.258	0.359
	环境污染与资源消耗	燃料燃烧过程废气排放量	0.613	0.217	0.512	0.035
		生产工艺过程废气排放量	0.857	0.245	0.657	0.123
		工业废水排放量	0.156	0.354	0.856	−0.578
		人均生活用水量	0.029	−0.408	−0.879	0.357

因此,将第一个主成分命名为生态环境补偿及治理效益主成分(F_1)。同理,第二个主成分主要反映的是经济圈内经济发展方面的信息,第三个主成分主要反映的是水资源污染与消耗情况的信息,第四个主成分主要反映

的是水环境治理情况的信息,因此依次将第二、三、四主成分分别命名为经济发展主成分(F_2)、水资源污染与消耗主成分(F_3)、水环境治理主成分(F_4)。

利用 SPSS 软件中回归分析计算,获取 4 个主成分在 2001—2010 年各年份的具体得分,然后将其代入式(9-1)计算得到生态补偿效益评价得分。为了更好地反映生态补偿效益评价得分所表示的实际意义,对各主成分数值进行标准化处理(见表 9-3),评价得分可以评价合肥经济圈生态补偿效果和生态环境的变化:数据越小,说明此年份环境恶劣补偿效果差,需要调整补偿政策和机制;数据越接近于 1,说明此年份生态环境改善补偿效果越好。

表 9-3 主成分负载值

年份	生态补偿效益 F_1	经济协调发展 F_2	环境污染和资源消耗 F_3	生态环境治理 F_4	综合评价指标得分	
					标准化前	标准化后
2001	0.351	−0.237	0.846	−0.976	−0.985	0.127
2002	0.504	−0.175	0.794	−0.859	−0.876	0.235
2003	0.418	0.567	0.935	−0.737	−0.621	0.358
2004	0.726	0.767	0.763	0.346	−0.454	0.566
2005	0.853	0.564	0.672	0.573	0.125	0.587
2006	0.798	0.741	0.556	0.681	0.234	0.641
2007	0.854	0.867	0.670	0.763	0.357	0.783
2008	0.867	0.813	0.783	0.875	0.416	0.895
2009	0.925	1.116	0.774	0.796	0.546	0.967
2010	0.981	0.865	1.571	0.894	0.738	1

9.2.2 生态补偿效益变化过程分析

表 9-3 中,标准化后综合评价指标得分显示:2001—2010 年,前三年生态环境及补偿效果相对较差;自 2004 年以后逐渐改善,特别是 2007 年以后生态环境和补偿效果明显改善。这一结果与安徽省实施生态省建设过程密切相关。2003 年以前,由于长期偏重经济发展而带来的生态环境问题日渐突出,生态补偿综合评价模型中 F_3 得分较高,说明:水土流失加剧、资源消耗量增加、环境污染加重等,而生态补偿和环境治理效益较低。

2003—2007年,生态省建设全面启动,建立健全生态经济的服务网络,发展生态产业,政府启动了退耕还林、天然林保护、水土流失和环境污染治理等生态建设工程,人为因素造成的生态环境破坏趋势得到有效遏制,基本控制淮河、巢湖、江淮分水岭等生态脆弱地区环境污染和生态恶化问题,一批重要的生态功能区得到恢复和重建,生态补偿效益逐渐显现。

2008—2010年,生态省建设工程逐步实施,生态补偿措施则将生态环境建设推向了快速发展的阶段。如开展了一系列的生态补偿计划或项目,如退耕还林建设、水土保持补贴和农田保护等,所以在生态补偿综合评价模型中的F_1和F_4,与表9-2中森林覆盖率、有效灌溉面积、治理耕地面积占耕地面积比例、土地复种指数、治涝地面积占耕地面积比例、人均森林面积、工业固体综合利用率、工业废水处理量等指标相关度最大,并且由表9-3评价得出2007年以后合肥经济圈的生态环境和补偿效果有明显改善的结论,逐步树立以绿色资源、生态产业群、生态城镇群为主要特征的生态安徽品牌,经济、社会、资源、人口、环境进一步均衡发展,基本建成协调发展的生态经济体系,生态环境质量明显提高,生态补偿效益和环境治理效益显著。

9.3　结论与讨论

本文运用主成分分析合肥经济圈生态补偿效益变化的主要因子,得出如下结论:

(1)主成分F_1、F_2、F_3及F_4是生态补偿效益变化过程的主要因子,并且反映区域生态环境变化和治理进程的不同阶段,其中生态补偿效益变化是三个阶段的重要判别指标,其次是经济协调发展、环境污染和资源消耗、生态环境治理。

(2)表9-2主成分载荷实际就是各指标因子与相应主成分之间的相关系数。人均林地面积、工业固废综合利用率、有效灌溉面积与生态补偿效益变化有较大的正相关性,土地复种指数主成分F_1有较大的负相关性,表明合肥经济圈土地利用变化对生态补偿效益评价具有重要的影响。

(3)表9-2主成分F_2中,资源配置率、GDP增长率与经济协调发展之间存在较大的相关性,是主要的判别因子。主成分F_3与工业废水处理量呈现较大的正相关性,与人均水资源量呈现较大的负相关性。

自 2004 年安徽省开展生态省建设以来,土地利用变化、人均 GDP 和污染物处理量三个主成分分别在不同发展阶段具有显著差异,也体现出生态补偿效益变化过程:生态省建设前环境恶劣,补偿效果相对较差,生态省建设使合肥经济圈生态环境逐渐改善,生态补偿效果明显。

9.4　本章小结

生态补偿效益评价是生态补偿机制研究的重要内容之一。利用 SPSS15.0 软件,采用 2001—2010 年合肥经济圈城市统计数据,运用主成分分析法,对合肥经济圈生态补偿效益进行综合评价,结果表明:2003 年以前环境恶劣补偿效果相对较差,自 2004 年生态省建设以来,生态补偿效益逐渐改善,2007 年后生态补偿效果明显改善,安徽省生态建设中实施的生态措施促进了补偿效益的提高。本研究为生态建设和补偿政策实施提供了可行的评价方法。

第10章 安徽省区域生态补偿标准与制度创新

10.1 数据来源与研究方法

根据安徽省、江苏省和浙江省三省土地利用总体规划,获取三省的2010年各类土地利用面积数据(表10-1),以及安徽省各市土地利用面积数据。根据单位面积生态服务价值当量,计算三省生态服务功能价值,由单位面积碳排放当量计算三省之间的碳排放总量及补偿标准(表10-2)。生态补偿标准计算方法与前一致。

表10-1 江苏省、安徽省和浙江省土地利用类型面积及生态服务价值

省份	耕地 （km²）	林地 （km²）	草地 （km²）	水域 （km²）	湿地 （km²）	建设 用地 （km²）	未利 用地 （km²）	生态服务 价值（亿元）
安徽省	57346	39416	286	1267	7407	16218	4384	2786
浙江省	24351	62759	2874	3035	2570	9409	3269	1647
江苏省	48012	6294	25	17300	18618	17315	2056	2152

10.2 安徽省区域生态补偿结果分析

10.2.1 安徽省与江苏省、浙江省之间的生态补偿

安徽省的生态服务价值最大(2786亿元),其次是江苏省(2152亿元)。生态贡献是通过生态系统服务体现出来的。浙江和江苏的经济发展比较迅速,但当安徽省作为江苏和浙江的饮用水源地以后,江苏、浙江就能够享用

重要生态区生态系统服务,为江苏和浙江提供优质水源,生态系统服务价值就应作为补偿标准的上限。安徽省新安江等重要生态区为了保护区域生态环境,不得不关闭或者限制、拒批污染较大的企业而影响了安徽省部分经济发展的成本,利用发展机会法计算区域损失的成本,发展权损失即为省际间生态补偿的下限。由此确定的上下限范围内是开展省际间生态补偿标准、方式的重要基础和根据。

建设用地和耕地为主要碳源,林地和草地为主要碳汇。从碳排放的角度看,安徽省和浙江省为碳汇区,江苏省为碳源区(表 10 - 2)。由于江苏省经济发展迅速,随着城市化和工业化进程的加快,土地的利用方式也发生了很大的变化,能源消耗量也迅速增加,使得碳排放总量迅速增加。建设用地的碳排放所占比例最大,故建设用地是主要碳源,其次是耕地;林地是主要碳汇,而草地的碳吸收能力很小。从土地利用类型的碳排放系数可以估算,每增加 1hm² 耕地仅增加 0.422 吨碳排放量,每增加 1hm² 建设用地就增加497.3 吨碳排放量,可见建设用地的碳排放能力最强,而每增加 1hm² 林地的碳吸收量仅为 57.7 吨,仅占建设用地碳排放量的 11.65%。因此,建设用地面积增加是导致区域碳排放增加的主要原因。

表 10 - 2　江苏省、安徽省和浙江省碳排放量和生态补偿量

省份	建设用地面积(km²)	建设用地碳排放量(万吨)	耕地碳排放量(万吨)	林地碳吸收量(万吨)	草地碳吸收量(万吨)	湿地碳吸收量(万吨)	碳排放总量(万吨)	生态补偿标准(亿元)	生态服务价值(亿元)
安徽省	16218	8350.1	242.1	22743	6.1	1716.4	−15873.3	−432.79	2786
浙江省	9409	13837.2	102.76	36212	60.4	151.1	−22483.54	−613.01	1647
江苏省	17315	21107.5	202.61	3632	1.6	1094.7	16581.81	452.10	2152

注:碳排放"−"表示吸收。碳汇价格按照中国造林成本平均值[272.65 元/t(C)]计算。生态补偿"−"表示应该接受补偿。

10.2.2　安徽省各市之间的生态补偿

比较安徽省 2010 年 16 地市间生态服务价值,以六安市、黄山市、宣城市和安庆市四市为最大等级,超过 148.952 亿元,主要与区域的林地和水域有关,以上区域均是我国重要的生态功能区,它们为安徽省提供了优质的生态服务,应该接受生态补偿。马鞍山、铜陵、淮北、淮南 4 市是最低等级,这些区

域是安徽省主要工业区或矿区,林地少,应该向高生态服务价值区提供生态补偿。表 10-3 中的生态服务价值为安徽省地市间生态补偿标准的上限。

表 10-3　安徽省 16 地级市土地利用类型面积和服务价值

地市	林地 （hm²）	草地 （hm²）	耕地 （hm²）	水域 （hm²）	生态服务 价值(亿元)
合肥	6.802	0.003	23.058	7.619	37.482
芜湖	14.292	0.015	8.849	1.163	24.318
马鞍山	3.001	0.000	4.987	1.039	9.027
蚌埠	2.377	0.002	22.935	3.957	29.271
淮南	2.114	0.079	8.836	2.151	13.180
淮北	1.687	0.006	11.167	0.940	13.800
铜陵	6.086	0.082	1.327	0.738	8.233
安庆	115.919	0.027	24.138	8.869	148.952
黄山	142.269	0.376	8.634	1.144	152.423
亳州	4.568	0.008	36.961	3.836	45.373
阜阳	12.420	0.014	38.855	5.918	57.207
宿州	6.952	0.018	41.322	6.614	54.907
滁州	29.849	1.055	43.499	18.206	92.608
六安	121.602	0.128	43.032	14.731	179.493
宣城	127.313	0.009	18.933	4.204	150.460
池州	91.796	0.334	9.383	2.787	104.299

注:未考虑湿地和未利用地的生态服务价值。

表 10-4 是 2010 年安徽省 16 地市间碳排放量,黄山市(4030.57 万吨)、宣城市(3415.43 万吨)、六安市(3145.63 万吨)、安庆市(2771 万吨)和池州市(2527.22 万吨)为主要的碳汇区,这 5 市的林地面积大,所以应该获得较大的生态补偿。根据碳汇价格,按照中国造林成本平均值[272.65 元/t(C)]计算,以上 5 市分别获得 109.89 亿元、109.89 亿元、93.12 亿元、85.77 亿元和 75.55 亿元生态补偿。其他 11 市为碳源区,应该向其他区域提供生态补偿。其中合肥市是最大的碳源区,其碳排放总量 1822.51 万吨,从碳排放的角度看,应提供最多的生态补偿(49.69 亿元),其次是马鞍山、芜湖、淮南三市的生态补偿。合

肥等市的碳排放量大主要原因是建设用地碳排放量大,能源消费量大,同时林地少,吸收少,从而使碳排放总量剧增。

表 10-4 2010 年安徽省 16 市碳排放量和生态补偿量

地市	林地碳排放（万吨）	草地碳排放（万吨）	总耕地碳排放（万吨）	建设用地碳排放（万吨）	区域碳排放总量（万吨）	生态补偿标准（亿元）
合肥	−203.009	0.000	15.914	2009.61	1822.51	49.69
芜湖	−426.521	0.000	6.107	916.33	495.92	13.52
马鞍山	−89.556	0.000	3.442	632.35	546.23	14.89
蚌埠	−70.940	0.000	15.829	431.14	376.03	10.25
淮南	−63.080	−0.003	6.098	392.07	335.09	9.14
淮北	−50.333	0.000	7.707	306.64	264.02	7.20
铜陵	−181.637	−0.003	0.916	320.18	139.46	3.80
安庆	−3459.464	−0.001	16.659	671.80	−2771.00	−75.55
黄山	−4245.843	−0.012	5.959	209.33	−4030.57	−109.89
亳州	−136.329	0.000	25.510	346.32	235.50	6.42
阜阳	−370.659	0.000	26.817	471.48	127.64	3.48
宿州	−207.482	−0.001	28.520	443.41	264.45	7.21
滁州	−890.800	−0.035	30.022	469.99	−390.82	−10.66
六安	−3629.072	−0.004	29.700	453.75	−3145.63	−85.77
宣城	−3799.518	0.000	13.067	371.02	−3415.43	−93.12
池州	−2739.529	−0.011	6.476	205.85	−2527.22	−68.90

注:碳排放"−"表示吸收。碳汇价格按照中国造林成本平均值[272.65 元/t(C)]计算。生态补偿"−"表示应该接受补偿。

10.3 安徽省生态补偿的政策建议和制度创新

10.3.1 安徽省生态补偿的政策建议

（1）制定科学的生态补偿标准

水源地生态补偿标准是实施生态补偿的核心问题,关系到补偿的效果和补偿者的承受能力。补偿标准的确定应基于现有经济活动受影响的机会成本和受偿意愿两个因素,依据造林和保护成本比较符合实际,按照所需的人力、物力进行成本核算,并以此确定补偿标准。应根据国家已有的规定,结合当地的实际情况,制定生态补偿标准,先在个别乡镇试行,然后在区域范围内推广实施。

(2)生态补偿管理体制创新

地方政府管理体制创新可选择复合行政或设立新区或撤市改局,中央政府要加强生态保护的统一领导和改变考核地方政府政绩指标体系。如:①不改变行政区划,实行复合行政;②部分地改变行政区划,设立新区;③改变行政区划和行政管理体制,撤市改局;④统一政府生态管理体制,调整政绩指标。

(3)健全生态补偿机制

从国家政策层面上看,首先,继续推进退耕还林、退耕还草工程,尤其要扩大重要江河流域所涉区域的实施范围,将补助期限延长到20~30年,或是当工业化发展到农民离开土地也能生存时,中止这项政策。其次,完善"项目支持"的形式,重点发挥生态环境保护地区的生态移民和替代产业的发展。具体措施有:①完善中央财政转移支付制度;②建立横向财政转移支付制度,将横向补偿纵向化;③开征生态税费,建立生态环境补偿基金;④健全生态保护法律体系;⑤构建生态保护职责和生态补偿对称的评估体系。

(4)提高生态补偿主客体的参与权

水源地生态补偿必须得到全社会的关心和支持,应注重生态补偿的科普教育和大众宣传,提高群众的生态补偿意识,明确生态补偿的政策,以及责、权、利的划分。在制定安徽省生态补偿决策的时候应该多听取农户的意见和建议,提高其参与权,保证其应有的权利和义务,使农户积极主动地参与到生态补偿制度建设和生态环境保护之中。

(5)构建高效的生态补偿管理机构

从国内现实情况来看,补偿接受者有各级政府、农户等,而补偿支付者有各级政府、非政府组织、居民等,生态补偿相关政策实施涉及的事务和人员众多,需要高效的管理机构来有效地完成各项工作,所以构建高效的生态补偿机构是实施补偿政策的重要环节。

(6)积极开展"输血型"和"造血型"补偿相结合的补偿方式

根据水源地生态补偿方式问卷调查研究得出,短期内的生态补偿方式以资金补偿和政策补偿为主,也需要智力补偿、产业补偿等"造血型"补偿方式。通过项目产业等补偿的形式,将补偿资金转化为项目产业安排到水源区,帮助水源区群众建立替代产业,来发展生态经济产业,解决就业和增加收入,使外部补偿转化为自我积累能力和自我发展能力。

(7)扩展多元化融资渠道

应该扩展多元化融资渠道,加强对个人、企业的激励机制,采取积极鼓励和优惠的配套政策;在人力和资金都缺乏的贫困地区,安徽省及市政府相关部门应参与相关的国内外补偿项目,寻求相关组织的捐赠补偿资金,实现补偿主体多元化,补偿方式多样化,推动生态补偿机制和制度的顺利实施。

10.3.2　健全生态补偿创新机制

(1)建立生态补偿长效机制。国家政策调整可以分两步:首先,继续推进退耕还林、退耕还草工程,尤其要扩大重要江河流域所涉区域的实施范围,将补助期限延长到20～30年,或是当工业化发展到农民离开土地也能生存时,中止这项政策。其次,完善"项目支持"的形式,重点发挥生态环境保护地区的生态移民和替代产业的发展。

(2)完善中央财政转移支付制度。中央财政增加用于限制开发区和禁止开发区生态保护的预算规模和转移支付力度及生态补偿科目。在政府财政转移支付项目中,要增加生态补偿项目,用于国家级自然保护区、国家级生态功能区的建设补偿。国家对限制开发区和禁止开发区实行政策倾斜,增加对生态保护地区环境治理和保护的专项财政拨款、财政贴息和税收优惠等政策支持。

(3)建立横向财政转移支付制度,将横向补偿纵向化。建立地方政府间的横向财政转移支付制度,实行下游地区对上游地区、开发地区对保护地区、受益地区对生态保护地区的财政转移支付。让生态受益的优化开发区和重点开发区的政府直接向提供生态保护的限制开发区和禁止开发区的政府进行财政转移支付,以横向财政转移改变四大功能区之间的既得利益格局,实现地区间公共服务水平的均衡,提高限制开发区和禁止开发区人民的生活水平,缩小四大功能区之间的经济差距。

(4)开征生态税费,建立生态环境补偿基金。如对木材制品、野生动植物产品、高污染高能耗产品等的生产和销售征税。对环境友好、有利于生态环境恢复的生产生活方式给予税收上的优惠等。设立生态环境补偿基金。

生态补偿基金可用于限制开发区和禁止开发区的生态建设、移民、脱贫等项目的资助、信贷、信贷担保和信贷贴息等。

(5)健全生态保护法律体系。国家生态环境补偿机制通过立法确立生态环境税的统一征收、管理制度,规范使用范围。对《环境保护法》等现有法律进行修订,使其更加有利于限制开发区和禁止开发区的生态环境保护和建设。

(6)构建生态保护职责和生态补偿评估体系。建立生态环境评估体系,科学地测度限制和禁止开发区生态环境价值,确定生态补偿标准。可以综合运用效果评价法、收益损失法、随机评估法等方法,研究建立生态环境的价值评估体系,进一步从定性评价向定量评价转变。

10.3.3 创新功能区间生态补偿管理制度

健全生态补偿机制是实现限制和禁止开发区功能的必要条件,政府管理制度创新是实现限制和禁止开发区功能的充分条件。就管理制度创新而言,在限制和禁止开发区内的生态保护区,地方政府管理体制创新可选择复合行政或设立新区或撤市改局;中央政府要加强生态保护的统一领导和改变考核地方政府政绩的指标体系。

(1)不改变行政区划,实行复合行政

复合行政,是为了促进区域经济一体化,实现跨行政区公共服务,跨行政区划、跨行政层级的不同政府之间,吸纳非政府组织参与,经交叠、嵌套而形成的多中心自主治理的合作机制。复合行政适应区域生态保护一体化的需要,为跨行政区域生态保护而形成的各行政区政府与各层级政府之间的动态合作机制,既可以承担生态保护功能又可以承担地方政府综合职能。合作的领域是跨区域的生态保护,主要是共同规划统一的生态保护政策,实现跨行政区公共基础设施相互联合与衔接,建立健全区域性社会保障体系等。

(2)改变行政区划,设立新区

这是生态保护区行政管理体制的部分创新。现在每个生态保护区大多由多个县级政府共管。设立新区可以有效地改变政出多门、交叉、扯皮、行政效率低下等现象,缩小同层级、不同层级政府之间制定和执行环保政策的差异,减少不同属地政府之间执行环保政策的交叉和摩擦,有利于限制和禁止开发区政府统一执行中央政府和省政府环保政策、落实环保措施,显著地降低行政成本,提高行政管理效率和环保资金的使用效率。

(3)改变行政区划和行政管理体制

这是限制和禁止开发区内生态保护区行政管理体制的创新。新设立直属中央政府或省政府的生态保护管理局,由新设立的管理局统筹生态保护区的生态保护、自然资源保护、旅游资源开发利用和提供公共服务等职能。

(4)统一政府生态管理体制,调整政绩指标

我国生态环境管理分别涉及林业、农业、水利、国土、环保等部门,部门分头管理现象严重,中央政府要针对这种状况明确各部门在生态补偿体系中的职责和任务,加强部门之间的协作。例如,可以指定现有部委中的一个部委或单独成立一个主体功能区工作委员会,推进主体功能区定位,特别是统筹协调各部门在限制和禁止开发区的生态保护政策,以整合各部门在限制和禁止开发区生态保护与建设资金,完善生态保护的投资融资体制,提高生态保护区管理的效率和质量。

10.4 本章小结

本章以省级、市级行政区域为研究对象,以生态服务功能价值估算生态补偿标准,比较区域间生态补偿的空间差异。与江苏省和浙江省相比,安徽省生态服务功能价值最大,为2786亿元,江苏省和浙江省的生态服务功能价值分别为2152亿元和1647亿元。安徽省位于新安江上游,为浙江提供了优质淡水资源,也为江苏省的经济发展提供了优良的生态环境,作为经济相对落后的省份,发展权损失较大,应该得到一定的生态补偿。安徽省各市之间生态服务功能价值和碳排放空间差异显著。从碳排放和生态服务功能价值来说,黄山市和六安市最大,安庆市、宣城市、池州市等市次之,应该优先享受生态补偿;而马鞍山市、铜陵市、淮南市、淮北市、合肥市等市的生态服务功能价值较小,宿州市、阜阳市、亳州市、铜陵市、淮南市、淮北市等碳排放补偿价值较小,这些市经济较为发达或是碳源地,所以应优先予以支付补偿。以上对安徽省生态价值区际的比较分析,为协调区域发展制定政策提供了参考。

第11章　安徽大别山国家贫困片区生态补偿与扶贫途径

国内外目前对于扶贫开发和生态补偿的研究集中于生态补偿与扶贫关系、扶贫政策与机制创新、扶贫实践与补偿式扶贫途径研究等4个方面。我国部分学者提出了收入扶贫(经济上)—权利扶贫(补偿意愿和发展意愿)—能力扶贫(再就业、发展机会等)的渐进过程的扶贫机制,提出扶贫的方式有:救济式扶贫、开发式扶贫、科技扶贫、教育扶贫和生态补偿式扶贫等。据新的国家扶贫标准,大别山区(3省36个县,如图11-1)2011年扶贫人口为647万人(我国1.28亿),贫困发生率为20.7%,高出全国8个百分点,是国家新一轮扶贫开发攻坚战主战场中人口规模和密度最大的片区,2013年《大别山片区区域发展与扶贫攻坚规划(2011—2020)》已得到国家政府批复与实施。

大别山区是我国重要水源涵养生态功能区,森林和优质淡水等资源丰富,随着我国逐步实行资源有偿使用和生态补偿制度,生态区农民肩负着恢复和保护生态环境的重任,选择生态补偿式扶贫方式是扶贫实践的新途径、新手段。主体功能区划的实施会更加剧区域之间利益的不平衡,使扶贫任务更加艰巨。《中国农村扶贫开发纲要(2011—2020)》明确指出:加大功能区生态补偿力度,并重点向贫困地区倾斜,生态补偿、扶贫是面临的两个重要课题,受到各级政府和学者们的特别关注,也成为亟待解决的问题之一。基于生态补偿式扶贫中,生态补偿标准估算是扶贫开发能否有效实施的关键环节。本研究通过估算各扶贫县的生态服务价值及碳排放价值,探讨生态补偿标准,为生态补偿式扶贫提供一定的科学依据。

图 11-1　2012 年大别山扶贫片区范围

11.1　研究区概况

　　安徽省位于大别山扶贫片区的有 12 个县,包括安庆市 5 个县(太湖、宿松、岳西、潜山和望江)、六安市 3 个县(霍邱、寿县和金寨)、阜阳市 3 个县(阜南、临泉和颍上)和亳州市 1 个县(利辛)(图 11-2)。除望江县外,其余均是国家级贫困县,总面积约 2.7 万 km²,占全省 19.42%,2011 年末总人口0.138 亿,占全省 19%。

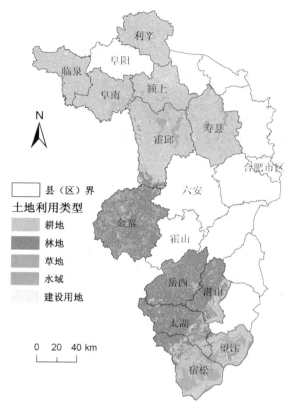

图 11-2 安徽省大别山扶贫片区范围及土地利用类型

11.2 数据来源与研究方法

11.2.1 数据来源和处理

本研究先以地形图对 2011 年 TM 遥感影像进行几何纠正,及 1∶5 万大别山区各县行政区划矢量图层数据对遥感影像数据进行裁剪,然后进行实地检验,建立土地利用类型解译标志,借助 ArcGIS10.0 软件进行地物类型目视解译,建立矢量数据、输入属性,通过室外验证和精度计算,达到 93% 以上。参照国家标准,土地利用类型分为耕地、草地、林地、建设用地、水域、未利用,统计各县各土地利用类型的面积。各县人口、人均纯收入、人均可支配收入等来源于安徽省统计年鉴(2012年)。由各县2011年GDP数据，利用各县的单位GDP能耗系数(吨标准煤/万元)，计算扶贫县的能源消费总量，再由标准煤碳排放系数获得各县建设用地的碳排放量。

11.2.2　研究方法

(1)生态服务价值估算

本研究以谢高地等人修订的不同土地利用类型生态价值当量为依据(表11-1)，计算各县生态功能服务价值，其计算公式为：

$$ESV = \sum (A_k \times VC_k) \tag{11-1}$$

$$ESV_f = \sum (A_k \times VC_{fk}) \tag{11-2}$$

式(11-1)、式(11-2)中，ESV为各县生态服务功能总价值，A_k为k种土地类型面积，VC_k为生态价值当量，ESV_f为单项服务功能价值当量。

(2)发展机会法生态补偿标准计算

大别山区国家重点生态功能区各县由于保护生态环境而失去发展机会，其发展损失体现在与相邻县和对照县的收入差距。基于发展机会损失的生态补偿估算公式为：年补偿量＝(对照区的人均城镇居民支配收入－扶贫县人均城镇居民可支配收入)×扶贫县城镇居民人口＋(对照区的人均农民纯收入－扶贫县人均农民纯收入)×扶贫县农业人口。在此对照县值取全省平均值。

(3)基于土地利用碳排放的生态补偿标准计算

各土地利用类型的碳排放和吸收系数依据以下公式计算：

$$E = \sum e_i = \sum T_i \cdot \delta_i \tag{11-3}$$

式(11-3)中，E为碳排放总量；e_i为各土地利用类型的碳排放量；T_i为各土地利用类型的面积；δ_i为各土地利用类型的碳排放(吸收)系数，参考文献林地、草地、耕地的碳排放系数取$-57.7t/hm^2$、$-0.022t/hm^2$、$0.422t/hm^2$。

建设用地的碳排放量的计算公式为：

$$E_t = \delta_f \cdot E_f \tag{11-4}$$

式(11-4)中，E_t为碳排放量；E_f为能源消耗总量(标准煤量)，δ_f为碳排放转换系数,取 0.733t(C)/t。中国造林成本的平均值为[272.65 元/t(C)],此价格是国内比较常用的合理价格,可作为碳排放补偿的价值当量。

(4)发展权损失

发展机会法是利用相邻县市居民的人均可支配收入与水源地区域人均可支配收入对比,给出相对于相邻县市居民收入水平的差异,从而估算出发展权的限制可能造成的经济损失,以此作为补偿的参考依据。补偿的测算公式为:

$$P = \sum \left[(M-N) \times R - (m-n) \times r \right] \qquad (11-5)$$

$$P_f = (M-N) \times R - (m-n) \times r \qquad (11-6)$$

式(11-5)、式(11-6)中,P 为总年补偿额度;P_f 为单项年补偿额度;M 为参照县市的城镇居民人均支配收入(万元);N 为区域城镇居民人均可支配收入(万元);R 为区域城镇居民人口(万人);m 为参照县市的农民人均纯收入(万元);n 为区域农民人均纯收入(万元);r 为区域农业人口(万人)。

11.3 安徽省大别山扶贫县片区生态补偿分析

11.3.1 生态服务价值估算与生态补偿

由大别山区贫困县土地利用类型面积和单项服务功能价值当量可以估算各贫困县的生态服务价值(表 11-1)。生态服务价值最大的金寨县,为 53.73 亿元,其次是宿松、岳西、霍邱、太湖、寿县、潜山和望江 7 个县,其生态服务价值为 17.16 亿～43.21 亿元,其余 4 县生态服务价值较小,其中阜南县仅 0.0021 亿元。单项生态价值当量以水体、湿地和林地的值均较大,而大别山区贫困县的湿地和水体的面积较小,各县生态服务价值量主要取决于林地的面积。大别山区林地为华中、华东区域重要的生态屏障,也是长江和淮河流域重要的水源涵养地,发挥着重要的生态功能。安徽省大别山区 12 个贫困县估算的生态价值总量是 298.0721 亿元,这是主体功能区间生态补偿的上限,为区域生态补偿式扶贫开发提供了科学的资金补偿标准。

表 11-1　安徽省大别山区贫困县土地利用类型面积与生态价值

县域	耕地 （km²）	林地 （km²）	草地 （km²）	水域 （km²）	建设用地 （km²）	未利用地 （km²）	生态服务价值 （亿元）
潜山	610.03	940.89	65.65	37.37	34.48	0.87	23.86
太湖	553.56	1214.16	102.24	111.18	39.46	—	32.04
宿松	1162.27	402.10	70.03	685.54	68.21	—	43.21
望江	860.23	83.51	41.19	246.41	108.82	—	17.16
岳西	426.39	1619.29	315.23	4.37	8.54	0.37	36.11
阜南	1609.32	0.72	—	5.06	311.72	—	0.0021
临泉	1521.34	0.08	—	0.12	322.25	—	9.31
颍上	1598.72	0.21	2.03	78.11	309.93	—	12.97
利辛	1659.05	1.00	—	18.1	323.64	—	10.90
寿县	2375.27	7.5	7.54	230.67	344.35	—	24.10
霍邱	2898.47	138.53	17.18	348.43	398.96	—	34.68
金寨	594.76	2036.66	1200.48	74.49	12.97	—	53.73

注："—"为统计面积近为 0.

11.3.2　土地利用碳排放与生态补偿

安徽省大别山区贫困县估算各土地类型的碳排放量（表 11-2）。林地和草地是碳汇区（吸收 CO_2），耕地和建设用地是碳源区（排放 CO_2）。林地对碳排放量影响最大，其次是建设用地。金寨县林地的碳吸收量最大，达 1175.15 万吨，岳西、太湖、潜山和宿松的林地碳吸收量也较大（超过 232.1 万吨）。临泉、颍上、霍邱、利辛和宿松 5 个县建设用地的碳排放量均超过 100 万吨，岳西最小为 31.01 万吨。从碳排放总量来看，金寨、岳西、太湖、潜山、宿松和望江是碳汇区（碳吸收量大于排放量，接受生态补偿），其他县是碳源区（碳吸收量小于排放量，支付生态补偿）。区域碳排放总量主要取决于林地碳吸收量，仍然是金寨县最大，碳吸收总量为 1133.07 万吨。

根据中国造林成本平均值（每 1 吨吸收 CO_2 为 272.65 元）计算，金寨接受碳排放生态补偿标准为 30.893 亿元，其次是岳西、太湖和潜山，其补偿标准分别是 24.582 亿元、17.983 亿元和 13.265 亿元；临泉应该提供 2.499 亿元生态补偿资金，其次是颍上、利辛、寿县和霍邱，也应该提供 0.79 亿～

2.372 亿元的生态补偿资金。表 11-2 是以县区单元估算的,就安徽大别山区 12 个贫困县整体来看,2011 年碳吸收总量为 2949.86 万吨,作为国家主体生态功能区(限制开发区),应该获得 80.43 亿元的生态补偿标准。随着国家和区域碳汇贸易的频繁与加剧,作为比经济圈、扶贫地区更大区域的碳汇贡献,这些资金作为国家层面的生态补偿应该提供给生态环境保护的贫困者,用于扶贫开发、解决扶贫资金不足等问题,加大区域的扶贫力度。

表 11-2　2011 年安徽大别山区国家级贫困县碳排放、补偿量和发展权损失

县域	耕地碳排放(万吨)	GDP(亿元)	综合能耗(万吨)	建设用地碳排(万吨)	林地碳排(万吨)	草地碳排(万吨)	碳排放总量(万吨)	碳排放补偿(亿元)
潜山	2.57	97.41	73.447	53.83	−542.89	−0.014	−486.50	−13.265
太湖	2.34	70.03	52.803	38.70	−700.57	−0.021	−659.56	−17.983
宿松	4.90	111.49	84.063	61.61	−232.01	−0.015	−165.51	−4.513
望江	3.63	72.33	54.537	39.97	−48.19	−0.009	−4.59	−0.125
岳西	1.80	56.12	42.314	31.01	−934.33	−0.066	−901.59	−24.582
阜南	6.79	98.19	74.035	54.26	−0.42	0	60.64	1.653
临泉	6.42	154.30	116.342	85.27	−0.05	0	91.64	2.499
颖上	6.75	145.47	109.684	80.39	−0.12	0	87.01	2.372
利辛	7.00	116.90	88.143	64.60	−0.58	0	71.02	1.936
寿县	10.02	101.29	76.373	55.97	−4.33	−0.002	61.67	1.681
霍邱	12.23	174.96	131.920	96.68	−79.93	−0.004	28.98	0.790
金寨	2.51	72.07	54.341	39.83	−1175.15	−0.252	−1133.07	−30.893

注:碳排放"−"表示吸收。碳汇价格按照中国造林成本平均值[272.65 元/t(C)]计算。生态补偿"−"表示应该接受补偿。

11.3.3　发展机会损失与生态补偿

安徽省大别山区,作为国家重要水源涵养生态功能区,为了保护区域生态环境,限制产业开发,或拒批一些污染较大的生产企业,而影响了区域经济的发展,失去了发展机会,造成机会损失,估算大别山贫困县发展机会损失(表 11-3)。以安徽省城镇居民人均可支配收入(1.86 万元)和农村居民人均纯收入(0.62 万元)作为对照区域,发展机会损失最大的是临泉,为 22.34 亿元;其次是霍邱、阜南、利辛、颖上、寿县 5 个县,均在 10 亿元以上,

其他 6 个县也应该获得一定数量的生态补偿资金。就以上 12 个国家贫困县因损失发展机会损失总量至少是 124.75 亿元。发展权损失即为安徽省大别山区贫困县生态补偿的下限。

表 11-3　2011 年安徽大别山区国家级贫困县人口、收入和机会损失

县区	人口 （万人）		城镇居民人均 支配收入（万元）		农村居民人均 纯收入（万元）		损失额 （亿元）		
	城镇	农村	各县	省平均	各县	省平均	城镇	农村	总计
潜山	6.08	10.34	1.80	1.86	0.32	0.62	0.37	3.15	3.52
太湖	6.77	10.03	1.80	1.86	0.31	0.62	0.41	3.17	3.58
宿松	10.78	14.01	1.80	1.86	0.24	0.62	0.65	5.34	5.99
望江	6.63	11.12	1.80	1.86	0.28	0.62	0.40	3.82	4.22
岳西	4.66	7.39	1.80	1.86	0.22	0.62	0.28	2.96	3.24
阜南	13.32	32.63	1.69	1.86	0.19	0.62	2.27	13.98	16.25
临泉	15.56	43.42	1.69	1.86	0.17	0.62	2.65	19.69	22.34
颍上	19.94	28.15	1.69	1.86	0.21	0.62	3.40	11.54	14.94
利辛	13.41	34.30	1.81	1.86	0.22	0.62	0.68	14.88	15.56
寿县	16.79	27.47	1.73	1.86	0.23	0.62	2.19	10.76	12.95
霍邱	21.75	39.41	1.73	1.86	0.28	0.62	2.84	13.53	16.37
金寨	8.48	12.34	1.73	1.86	0.24	0.62	1.11	4.68	5.79

发展权损失整体反映了贫困县的人均纯收入或可支配收入与全省之间的差距，与人口数量也有密切关系。大别山区贫困县获得发展权损失补偿最大的是临泉、霍邱、阜南、利辛、颍上和寿县，这些县是国家农产品主产区，在大别山主体功能区划中也是限制开发区域，对于污染较大或对生态环境破坏较大的工程布局较少，为大别山区生态功能发挥或维护系统平衡也起到重要作用，人均扶贫资金或移民资金也较大。

安徽省大别山区各扶贫县的生态环境资源状况存在很大差异，如林地主要分布在金寨、岳西、太湖和潜山等县，水域主要分布在宿松、望江、霍邱和寿县等县，各县的扶贫或移民数量和安置费用也不尽相同，为了统一和对比，均从生态服务价值、碳排放和发展权损失等方面来估算生态补偿的资金，为扶贫移民的资金来源提供科学的依据。测算结果如图 11-3。

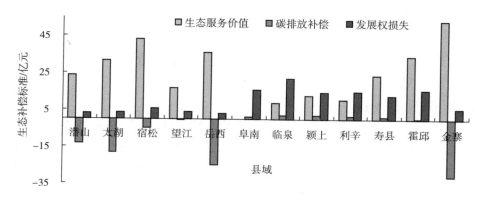

图 11-3 2011 年贫困县生态价值、碳排放补偿量和发展权损失(亿元)

注:碳汇价格按照中国造林成本平均值[272.65 元/t(C)]计算。生态补偿"-"表示应该接受补偿。

从每年生态服务价值来说,金寨补偿最多(53.73 亿元),其次是宿松、霍邱、太湖、寿县和潜山等县获得补偿较多,以上贫困县的森林资源或水资源较多,其他各县相对较少。2011 年,金寨、霍邱和寿县的扶贫人口分别为 19.53万、27.64 万和 19.77 万人,人均扶贫资金分别是 2.75 万、1.25 万和 1.22 万元,如果此资金重点向扶贫移民倾斜,将会获得更大的搬迁资助力度。

从每年碳排放补偿专项价值来说,贫困县的碳排放与林地密切相关,金寨、岳西、太湖和潜山 4 县的林地面积大,碳排放补偿价值也大,分别可以获得 30.893 亿、24.582 亿、17.983 亿和 13.265 亿元的补偿资金,所以人均扶贫资金或移民搬迁资金也较大(如金寨人均为 2965 元)。

发展权损失整体反映了贫困县的人均纯收入或可支配收入与全省之间的差距,与人口数量也有密切关系。大别山区贫困县获得发展权损失补偿最大的是临泉、霍邱、阜南、利辛、颍上和寿县(图 11-3),这些县是国家农产品主产区,在大别山主体功能区划中也是限制开发区域,对于污染较大或对生态环境破坏较大的工程布局较少,为大别山区生态功能发挥或维护系统平衡也起到重要作用,人均扶贫资金或移民资金也较大。

以上从生态服务、碳排放和发展权损失三个不同的角度,探讨了大别山片区扶贫县生态补偿资金的来源和数量,生态服务价值和碳排放均体现资源和功能价值,发展权损失反映了县域经济发展水平的差异,三种测算方法各有侧重点,结合各县实际、每年的扶贫人口和移民人口计划,可以作为主要的资金来源推进扶贫开发,实现大别山区片区扶贫攻坚目标。

11.4 安徽大别山区扶贫开发意愿调查和途径分析

2014年7月,本次调查对象为金寨县桃林乡、油坊店乡,及霍山县但家庙镇、诸佛庵镇的扶贫工作人员、乡镇企业人员、贫困村居民等,先根据大别山扶贫片区的实际情况设计问卷,调查内容涉及生态补偿式扶贫开发政策认知、技能培训意愿、资金利用、扶贫项目选择和扶贫途径等方面。由被调查者根据实际情况从供多选答案中选择,回收有效问卷78份,由此统计被调查者对扶贫开发和生态补偿等问题的意向。其中,男性被调查者占71.79%,女性被调查者占28.21%。从被调查者的受教育程度组成来看,小学及以下占3.85%,初中者占8.97%,高中者占47.44%,大学及以上者占39.74%。从被调查者的年龄分布上看,30岁以下者占19.23%,31～55岁占66.67%,55岁以上者占14.10%(表11-4)。

表 11-4 被调查人员基本情况

基本情况	分组	人数	占总人数的百分比
性别	男	56	71.79%
	女	22	28.21%
年龄	30 岁以下	15	19.23%
	31～55	42	66.67%
	55 岁以上	21	14.10%
教育	大学	31	39.74%
	高中	37	47.44%
	初中	7	8.97%
	小学及以下	3	3.85%

11.4.1 生态补偿式扶贫开发意愿分析

(1)生态补偿式扶贫开发途径和条件分析

大别山扶贫开发较多认可的途径是旅游扶贫、产业开发,两者所占比例分别为22.8%和21.4%,其次是资金扶贫(15.6%)和务工培训(14.6%),对生态补偿式扶贫开发的了解和支持处于中等水平(图11-4),所以需要加大对安徽大别山扶贫片区生态功能区重要性和生态补偿政策的宣传,尤其对大别山水源地和限制开发区域的宣传是十分必要的。

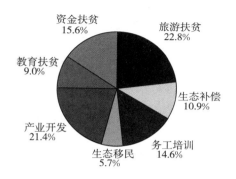

图11-4 生态补偿式扶贫开发途径

大别山区脱贫致富较多的被调查者认为,需要改善交通等基础设施(占比例27.4%),另外也需要政府在资金和政策上支持、增加就业机会、加大就业技能培训等(图11-5)。

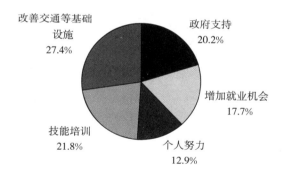

图11-5 生态补偿式扶贫开发条件意愿

(2)扶贫开发项目选择和技能培训意愿

就大别山区急需的扶贫开发项目而言,对特色农业生产与加工、旅游开发、产业项目的选项比例分别为22.0%、20.6%、19.3%,属首选扶贫开发项目;同时也需要交通建设、退耕还林、水源地保护等扶贫项目(图11-6),这也是区域经济发展和生态环境改善所必需的。

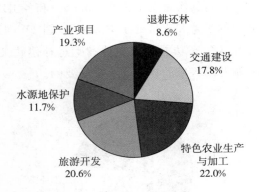

图 11-6　扶贫开发项目选择意愿

就大别山区扶贫开发需要的技能培训来说,多数人员认为急需职业技能、旅游等服务技能,所占比例分别为 24.8%、26.7%,农业实用技能培训和劳务输出技能培训也占有较大比例(图 11-7)。这些意愿说明,安徽大别山区扶贫开发需要加大各种技能培训的力度,为农民脱贫致富提供智力支持。

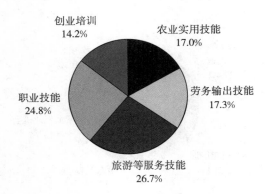

图 11-7　扶贫开发技能培训意愿

(3)扶贫政策认知和支持程度

目前,对国家出台的各种扶贫和生态补偿政策,有 47.2% 的人员认为应该还可以提供更多更好的服务,也有 37.7% 的被调查者对大别山区扶贫和生态补偿政策执行力度持怀疑态度(图 11-8)。总体来说,多数人对扶贫和生态补偿政策有所了解和支持。

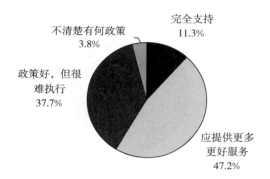

图 11-8　扶贫政策认知和支持程度

（4）生态补偿和扶贫对区域发展重要程度认知

生态补偿和扶贫对大别山区域发展的重要程度调查显示（图 11-9），极其重要和非常重要两个选项的比例分别为 27.8％和 23.3％，两者合计超过 51％；也有 46.1％的认为较重要，总之，生态补偿和扶贫开发是大别山区域发展的重要条件。

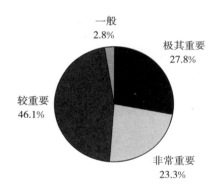

图 11-9　生态补偿和扶贫对区域发展重要程度

（5）生态补偿和扶贫资金利用和发放意愿分析

安徽大别山区生态补偿和扶贫资金多数人认为整村划拨共用（占 40％）和单户划拨利用（占 35.6％）较合理（图 11-10），这样有利于提高资金使用效率，起到发挥扶贫开发的作用。

生态补偿资金最佳利用方式调查结果显示：38.6％的人认为参加培训或提高自身素质，34.9％的人认为用于保护水源地等生态环境。由此说明，

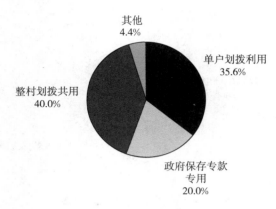

图 11 - 10　生态补偿和扶贫资金利用和发放意愿

多数人认为生态补偿资金合理有效地使用,能促进经济发展或保护区域生态环境。同时也有 15.7％的人选择改善家庭生活,这可能是由于贫困所迫或仅仅注重眼前利益(图 11 - 11)。

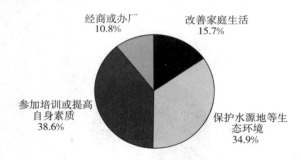

图 11 - 11　生态补偿和扶贫资金用途意愿

11.4.2　安徽省大别山区扶贫开发途径

(1)建立生态补偿和扶贫开发协同机制

安徽省大别山区既是国家贫困县,又是国家重要生态功能区,应该积极探索扶贫开发与生态环境保护共赢机制。此区碳汇效应显著,应通过鼓励开展碳汇交易等试点,探索政府主导和市场化相结合的生态补偿模式,多途径筹措资金,发展生态产业,将生态效益转为扶贫效益和经济效益。同时,通过生态补偿提供的资金、项目、技术、政策等多种途径,构建生态补偿激励机制,创新扶贫投融资制度,促进扶贫开发,建立生态补偿和扶贫开发的协同机制。

（2）实施产业化扶贫

金寨、太湖、岳西、潜山为国家重点生态功能区，应探索发展生态农业、生态旅游业等低碳产业，临泉县、阜南县等国家农产品主产区，应发展农产品加工、纺织服装、生物医药等产业，大力培育茶成分、药物提取等特色农产品加工业，增加产品附加值。积极开发新产品，延长产品加工链，通过生态补偿合作组织聚合贫困户和企业，促进规模化经营，培育龙头企业。通过产业化扶贫，调动贫困人口脱贫致富的积极性和主动性。积极承接长三角、武汉经济圈等产业转移。通过国家扶贫贷款贴息等政策，依托贫困村建立特色产业基地，优先吸纳富余劳动力，为扶贫对象提供市场、信息、技术等服务，实施产业扶贫开发。

（3）开展生态补偿式扶贫开发的技能培训

提高贫困地区人口的素质是脱贫致富的重要条件，通过中央财政扶贫和生态补偿资金，在大别山生态功能区，举办转移劳动力职业技能培训、贫困家庭劳动力培训、乡土人才培养（致富带头人、技术能人、农村经纪人等）、农村实用技术培训等多种形式技能培训，鼓励贫困区人口积极参加，并且享受一定的培训费补贴，通过提高劳动力科技素质、促进大别山生态功能区的劳动力转移，或带动当地贫困群众发展生产、参与市场竞争，实现共同致富。

（4）实施生态扶贫搬迁，推进新型城镇化建设

扶贫移民对生态保护与发展的影响。大别山区最为贫困的人口居住于恶劣的山区环境中，是扶贫开发的重点攻坚对象。扶贫移民区实施宅基地复垦还耕、退耕还林，发展种植养殖业，综合利用各种土地，恢复原居住地生态环境。通过移民安置地后，可以改善生产生活条件，进而加快大别山区扶贫开发进程。按照统筹规划和协调发展的原则，移民集中安置点与新农村或新型中小城镇建设相结合，聚集资金、劳动力等生产要素，促进当地城镇化的发展。扶贫移民后，将优化组合剩余劳动力，开展农业的集约化经营生产，缓解生态功能区的农、林、牧矛盾，大力发展特色林业、特色农业。移民搬迁后，人类活动对生态环境的干扰将减弱，有利于造林、育苗、封山育林、继续保护天然林资源，维护水土保持、退耕还林，为发挥生态区水源涵养功能提供保障条件。按照"政府引导，群众自愿"的原则，确定生态移民的安置地点（有区域发展带动能力的城镇）及安置方式。可采用城镇集中安置，城镇分散安置，二、三产业安置，劳务输出安置等多种形式。移民扶贫工程将原来分散的村民整体搬迁集中安置，经过科学规划建造基础设施和公共服

务设施,共享社会资源,从而降低了扶贫开发的成本。

对于国家重要生态功能区,通过限制开发,促进天然林资源保护和修复。贫困区耕地数量有限,交通不便,生产条件差,难以维持贫困人口的生活,所以可坚持群众自愿、政府引导原则,选择发展较好的、具有区域带动能力的乡镇作为安置点,积极引导农户采取城镇集中、城乡分散、产业基地、劳务输出等多种安置形式,实施生态搬迁或扶贫搬迁,通过国家、省、市、县各级政府和个人多方筹措生态补偿或扶贫资金,建设新型城镇化,加大配套公共服务设施投资力度,发展区域特色产业及配套后续产业,确保生态或扶贫移民真正脱贫。

(5)构建城乡一体化发展制度和政策

开展城乡统筹规划,发挥贫困县城镇的辐射和带动作用,实施城乡基础设施共享共建制度,逐步构建城乡一体化公共服务体系。通过典型乡镇的产业政策,促进新型城镇建设,加强社会福利和社会保障基础设施与能力建设,完善最低生活保障和基本养老保险制度,破除城乡二元结构对城乡发展一体化的制约,逐步缩小城乡差距,这是实现脱贫的根本途径。

11.5 本章小结

大别山区生态补偿和扶贫开发是当前各级政府和学者们所广泛关注的热点问题。生态补偿式扶贫开发是实现国家重要生态功能区环境保护和区域发展的新途径。利用遥感影像等数据和 GIS 技术,对安徽省大别山区 12 个国家级扶贫县生态服务功能价值、机会发展损失和碳排放补偿价值的估算,确定补偿标准。安徽省大别山扶贫片区生态价值总量是 298 亿元,碳排放补偿价值为 80.43 亿元,发展机会损失总量是 124.75 亿元,其生态补偿标准范围为 124.75 亿～298 亿元。从各县域来看,金寨、岳西、太湖和潜山的生态服务价值和碳汇价值均较大,而其他各县的机会发展损失较大。根据扶贫县功能定位,提出补偿协同机制、产业化、技能培训、生态移民和城乡一体化等扶贫开发途径。

第12章　安徽大别山区生态补偿式扶贫开发中产业选择

12.1　合肥经济圈主体功能区的划分

12.1.1　主体功能区的内涵及基本类型

主体功能区就是依据各地区的生态资源环境承载力、总的经济发展潜力和现有资源开发密度等,按照区域分工以及协调经济发展的原则,将特定功能区域划定为特定主体功能的一种新型空间单元。我国的《国民经济和社会发展第十一个五年规划纲要》根据主体功能划分明确规定了我国国土资源主体功能区的具体分类。

(1)经济发展潜力很大、国土资源开发密度较高、资源环境承载能力正逐步降低的区域被划分为优化开发区域。这种区域往往是区域龙头,处于经济核心区。

(2)经济发展潜力中等、资源环境承载力正处于较良状态、人口居住地区的条件比较优良的区域被划分重点开发区域。这种区域是整个区域最为着重开发的区域,对区域经济的发展起到相当重要的作用。

(3)经济发展潜力、资源环境承载力以及国土资源的开发密度等都很低、人口聚集条件和经济发展条件较差,且其发展关系着其他生态环境安全的区域被划分为限制开发区域。这类区域的开发应根据该区域的实际经济发展、区位特征以及资源环境禀赋进行限制性开发。

(4)生态环境承载力极低、按照相关法律设置的所有自然保护区域被划分为禁止开发区域。这类区域在任何情况下都不能为了经济的发展而进行开发。

12.1.2　主体功能区之间内在联系

我国的主体功能区分为保护型和开发型两类。其中,聚集产业、人口分布、城镇功能和承载社会经济发展的优化开发区和重点开发区主体功能区属于开发型,即为禁止开发区与限制开发区的社会经济发展进行货币资金以及生产技术支持;承载生态服务作用的限制开发区、禁止开发区主体功能区属于保护型,即提供生产要素和良好的生态环境来支持优化开发区和重点开发区的持续健康和谐发展。因为在区域经济发展中的功能定位不同,其发展所需要的要素也明显不同。不同的区域之间为了自身的发展,要从其他不同的区域中汲取有利于自身发展的要素。在不断地进行多样化、多层次要素交流的过程中,不同类型主体功能区渐渐形成了生产要素互补、协调社会经济发展、功能分工明确、战略相互支撑的多重逻辑关系。而其中,对这一内在逻辑关系十分重要的就是要对限制开发区域、禁止开发区域实施主体功能区生态补偿。

12.1.3　合肥经济圈主体功能区划分

《安徽省主体功能区规划》依据国土空间综合评价,基于各地区的资源环境承载能力、总的经济潜力以及现有资源的开发强度,统筹考虑到国家和安徽省的经济发展战略布局,对相关的地区做出主体功能区定位,将我省的国土资源空间格局划分为重点开发区域、限制开发区域和禁止开发区域三大类。

(1)重点开发区域。重点开发区域是指具有一定经济基础、资源环境承载力较强、发展潜力较大、集聚人口和经济的条件较好,应该重点进行工业化、城镇化开发的城市化地区。重点开发区域分为国家重点开发区域和省重点开发区域。合肥经济圈重点开发区划分,如表12-1。

表 12-1　合肥经济圈重点开发区划分

主体功能区类型		片区	范　围
重点开发区域	国家重点开发区域(江淮地区)	合肥片区	合肥市:庐阳区、瑶海区、蜀山区、包河区、肥西县、肥东县
	省重点开发区域	淮南蚌片区	淮南市:大通区、田家庵区、谢家集区、八公山区、潘集区
		六安片区	六安市:金安区

(2)限制开发区域。该区域具有较好的农业生产条件,在全国优势农产品

布局中属复合农产品产业带,有较强的农产品生产和供给能力,是保障全省乃至全国农产品生产和供给安全的重要区域。在局部地区,可以适度进行工业化和城镇化开发,合肥经济圈主体功能区限制开发区划分,如表12-2。

表12-2　合肥经济圈限制开发区划分

主体功能区类型		片区	范围
限制开发区域	国家农产品主产区	江淮丘陵主产区	合肥市:长丰县 六安市:裕安区、寿县、霍邱县 滁州市:定远县
		沿江平原主产区	合肥市:巢湖市、庐江县 六安市:舒城县 安庆市:桐城市
	重点生态功能区	国家重点生态功能区	六安市:金寨县、霍山县

(3)禁止开发区域。该区域区位条件较差,生态系统较脆弱,资源环境承载能力较低,不适宜大规模集聚经济和人口,但生态功能价值十分重要,关系全省乃至全国生态安全。主要包括各级不同依法建立的文化自然遗产保护区、自然生态保护区域、森林绿地公园、地质公园、湿地公园、水产种质资源保护区以及蓄滞(行)洪区等。这类开发区域,不得以任何理由随意开发,将塑造为保护我省生物多样性、物种基因多样性以及传承优秀传统历史文化的"人间天堂",如表12-3。

表12-3　合肥经济圈禁止开发区域

自然保护区名称	级别	面积(km²)	所属县(区)	主要保护对象
安徽金寨天马国家级自然保护区	国家级	289.14	金寨县	森林生态系统和野生动植物
安徽省舒城万佛山省级自然保护区	省级	20.00	舒城县	北亚热带常绿、落叶阔叶林及珍稀动植物
安徽省霍山佛子岭省级自然保护区	省级	66.67	霍山县	水源涵养林、珍稀原麝、大鲵、石斛及库区生态环境
安徽省霍邱东西湖省级自然保护区	省级	142.00	霍邱县	湿地生态系统及珍稀水鸟资源
合肥经济圈自然保护区总面积		517.81		

12.2　安徽省大别山区国家级贫困县功能定位与发展方向

12.2.1　国家级贫困县功能定位

安徽省大别山区 12 个贫困县中,金寨、太湖、岳西、潜山为国家重点生态功能区,定位为限制开发区(表 12－4),所以实施退耕还林、封山育林育草,加强天然生态系统保护,改善林草植被,加强小流域治理,维护流域生态系统,增强水源涵养能力,防治洪涝灾害。这 4 县的林地面积和生态服务功能价值也很大,为华中和长江三角洲地区重要的生态安全屏障,从国家层面,应该加强生态补偿机制,实施生态补偿式扶贫开发。其他 8 县为国家农产品主产区,加强农业综合生产能力,加强特色农产品和粮棉油生产,开展产业扶贫。

表 12－4　安徽省大别山区扶贫县功能定位与发展方向

功能区划	功能定位	范围	区域特点与开发定位
限制开发区	国家重点生态功能区	金寨县、太湖县、岳西县、潜山县	生态系统脆弱、生态功能重要,必须以生态系统保护和生态产品生产为首要任务,应该限制进行大规模高强度工业化、城镇化开发的地区
	国家农产品主产区	临泉县、阜南县、颍上县、寿县、霍邱县、宿松县、望江县、利辛县	耕地较多,农业发展条件较好,具有较强农产品生产和供给能力,增强农业综合生产能力作为发展的首要任务,应该限制进行大规模高强度工业化、城镇化开发的地区

12.2.2　国家级贫困县产业发展定位

根据大别山区国家水源涵养生态功能区战略规划,大别山区重点维护生态安全,合理开发区域生态资源,加快生态产业发展,走"生态产业化、产业生态化"的发展道路。大力发展旅游和高新、节能、环保的绿色产业,构建循环经济体系。坚持市场导向,依托特色资源开发、粮棉油和特色农产品加工,同时积极承接产业转移,促进区域产业集聚,培育壮大优势主导产业,将生态优势转化为经济优势。从大别山区全局的角度,实施"区域一体化、功能层次化"的布局原则,构建生态产业集中发展区和生态经济综合配套区(图12-1)。同时依据大别山区森林资源,构建市场化的生态补偿机制和碳汇交易机制,为区域产业发展筹集必要的发展资金。

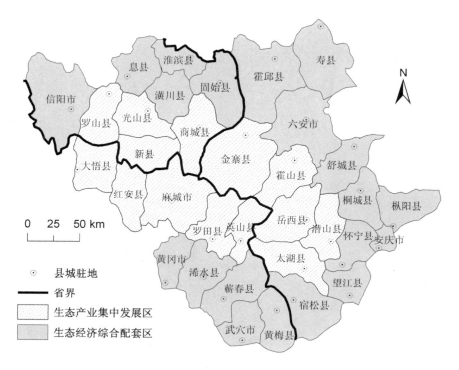

图 12-1　2013 年大别山区生态产业发展定位

安徽省大别山水源涵养功能区位于大别山东段,是大别山的主体部分,主要由低山与中山组成,包括六安和安庆市的一部分,占全省面积的10%。地处北亚热带,水热条件优越,地貌类型复杂,垂直分异明显。其主要生态问题:暴雨较多、山洪暴发、水土流失问题严重。佛子岭、磨子潭、梅山、响洪甸、龙河口五大水库库区人口较多,超出土地承载能力,人为因素对库区生态环境干扰破坏大。目前生态建设重点:实施封山育林,建设生态防护林;开展小流域治理,控制水土流失;建设金寨、霍山、岳西三县为核心的皖西水源涵养功能区;加强生物多样性保护。根据安徽省大别山区生态产业发展定位(图12-2),在金寨、岳西、霍山、太湖和潜山5个县大力发展生态产业。未来经济发展方向:调整农业用地结构,发展养殖业和绿色、有机农产品,推进农副产品深加工;实施以林茶为主,多种经营的大农业发展战略;通过生态扶贫和人口的合理规划布局,实施山区生态移民,减轻大别山北坡库区的人口生态压力。

图 12-2 安徽省大别山区生态产业发展定位

12.3 生态补偿式扶贫开发中产业选择和发展对策

12.3.1 六安市优势主导产业选择

资金补偿和政策补偿只是输血型补偿,不能解决根本问题,大别山区生态补偿式扶贫开发应该侧重于产业和技术补偿,依托区域资源大力发展能够实现自身再生、可持续发展的"内生性产业",实现贫困人口的"能力脱贫",进而发展相关配套产业和第三产业。

通过分析区域产业区位商(表12-5)在区域经济发展中所具有的主导地位和优势资源等,确定区域主导产业。按照工业产业部门的区位商计算,六安市的工艺品及制造业、皮革毛皮羽毛及其制品、黑色金属矿采选为第一选的主导产业,纺织、饮料制造、木材加工、农副产品加工等为第二选的主导产业。

表 12-5   2011 年六安市主要产业产值(万元)与区位商

工业产业部门	全国总产值	安徽省总产值	六安市总产值	产业区位商
黑色金属矿采选	7904.3	283.9	70.5	6.91
农副产品加工	44126.1	1872.7	134.2	1.69
饮料制造	11834.8	409.6	40.3	2.84
纺织	32653.0	701.6	44.0	2.92
皮革毛皮羽毛及其制品	8927.5	231.1	50.5	8.44
木材加工	9002.3	413.7	50.2	2.64
电力、热力	47352.7	1830.6	40.5	0.57
工艺品及制造	7189.5	143.2	30.3	10.62
电气机械及器材制造	51426.4	3098.2	43.5	0.23
黑色金属冶炼及压延加工	64067.0	1774.1	33.5	0.68
非金属矿物制品	40180.3	1439.7	50.9	0.99
化学原料及制品制造	60825.1	1550.0	18.6	0.47

12.3.2   贫困县生态产业选择

根据各贫困县的生态功能区划和资源优势,通过对各县扶贫产业规划和产业布局的调研,选择各扶贫县生态产业、配套及新型产业(表12-6)。

表 12-6   大别山区各扶贫县生态产业及配套产业

县域	生态产业	配套及新型产业
潜山	特色农副产品、林产品加工	医药化工、机械机电、纺织服装、轻工制刷、旅游

县域	生态产业	配套及新型产业
太湖	粮油棉精深加工、林产品加工	机电、轻纺、建材、造纸、旅游
宿松	粮棉农副产品、林产品加工、食品加工	纺织服装、机械电子、矿产及轻化工、新型建材
望江	粮棉油精深加工、林产品加工	新兴能源及建材、纺织服装、化工、建材、旅游
岳西	农副产品精深加工、林产品加工、光伏电子、新型材料、绿色能源	纺织服装、机械工业、生物农药、LED 照明、文化产业、旅游及文化业
阜南	林木产品加工、纺织服装、食品加工	卫浴洁具、精细化工、机电制造
临泉	食品与农牧产品深加工、服装加工、医药	化工、商贸物流、电子信息、机械制造、旅游及文化业
颍上	食品加工、新型节能环保建材、纺织服装、木材加工	煤炭、造纸、光伏玻璃、铁矿冶炼、煤电与煤化工
利辛	粮油农副产品加工	煤炭开采
寿县	农副产品精深加工、草藤及其制品	纺织服装、羽绒及其制品、新能源、建材、旅游
霍邱	农副产品深加工、柳编工艺品加工	矿冶、建材、装备制造、精细化工、轻纺、新能源
金寨	农产品加工、水电开发、新能源	机械制造、电子电力、矿产冶金、旅游及文化业

注：以上根据各县市国民经济和社会发展"十二五"规划或扶贫规划整理。

各扶贫县的生态产业主要包括林产品加工、特色农副产品加工（粮油、畜禽水产、油茶果蔬、羽茧棉麻、木竹草柳等现代农副产品等）、纺织服装、医药、新型节能环保建材等，相关资源或配套产业有：矿产资源开采与加工（霍邱、金寨等县的铁矿和钼矿开采等）、装备制造业和旅游文化产业。

12.3.3 生态补偿式扶贫开发中产业发展对策

（1）建立生态补偿和扶贫开发协同机制

安徽大别山区贫困县属于限制开发生态功能区，其中的金寨、太湖、岳西、潜山为国家重点水源涵养保护区，碳汇、生物、优质淡水等生态资源价值巨大,积极响应国家资源有偿使用生态补偿制度和政策,通过资金、技术、政策、项目等多种生态补偿方式促进产业发展,探索建立大别山生态补偿与扶贫开发协调机制,探索通过市场机制引导企业进行生态补偿的具体途径,促进区域扶贫开发与生态环境保护。

(2)加大产品基地和市场建设力度

通过加大对特色农业生产基地、产业园区和商贸流通体系建设力度,优先安排符合条件的国家重点工程、大型项目和科技新兴产业、特色资源或环保产业,促进生态经济发展。支持国家和省级扶贫龙头企业,打造绿色农产品、有机茶、特色农产品等主导产品、名牌产品、优势产品基地和市场,开发产品市场,搞活流通,提升产业扶贫效果。

(3)承接产业转移,促进优势产业发展

制定承接产业转移的优惠政策措施,引导劳动密集型或技术产业等向大别山区转移。抓住国家加快转变经济发展方式、调整产业结构优化升级的大好机遇,通过发挥自身优势承接产业转移与促进特色优势产业发展,带动或辐射贫困区经济发展。

(4)实施差别化产业发展扶持政策

在确定扶贫县的生态产业与配套产业的基础上,实施差别化产业发展扶持政策,重点支持农产品加工、纺织服装、机械制造、生物医药,以及旅游、现代物流等生态产业的发展,在产业项目用地、审批、投资、信贷等方面给予政策支持。

12.4 本章小结

大别山区扶贫开发和功能区生态环境保护是目前人们广泛关注的重要课题。合理发展产业经济是实现国家重要生态功能区环境保护和脱贫的重要途径。结合大别山区贫困县的生态功能定位和产业基础,构建生态产业集中发展区和生态经济综合配套区,以六安市为例选择优势主导产业、各贫困县的生态产业,且提出生态补偿式扶贫开发中产业具体的发展对策。

第 13 章　基于扶贫开发的
金寨县生态补偿机制

在国外扶贫机制上,刘易斯提出工业化和城市化途径,舒尔茨主张以科技和教育为基础的人力资源开发,缪尔达尔建议发展中国家通过政治经济政策的途径来扶贫的。具体实践中,政府采取环境服务支付项目等具体措施帮助贫困地区开发,或者建立福利制度为贫困者保障基本生活条件。我国多数学者主张发展产业、加大资金投入、建设基础设施、重视科技教育等,在具体扶贫实践中经历了由救济式向开发式转变,进而是生态保护基础上的合理开发。随着主体功能区规划的实施,更会加剧区域之间利益的不平衡,使扶贫任务更加艰巨,利用生态补偿手段解决环境保护与经济发展的矛盾,故生态补偿式扶贫逐渐成为一种重要的新模式。目前生态补偿与扶贫开发研究集中于补偿对贫困农户影响、两者之间关系、补偿缓解贫困效应、贫困区域生态补偿机制实证研究等方面。大别山区资源丰富、生态环境脆弱,贫困人口分布集中,是我国重要的水源涵养区,生态环境保护和扶贫开发矛盾突出。大别山贫困片区是国家新一轮扶贫攻坚战主战场之一,为了实现生态保护和资源可持续利用,促进区域协调发展,以大别山贫困片区的金寨县为例,结合资源价值探索其生态补偿标准与机制,对研究其对扶贫开发的影响,具有重要的示范与实践意义。

13.1　金寨县概况

金寨县地处大别山北坡,鄂豫皖三省交界,总面积 $3814km^2$;2012 年总人口 68.9 万、GDP 约 80 亿元,是安徽省人口最多、面积最大的山区县和库区县,是著名的革命老区、全国第二大将军县。全县平均海拔 500m,是国家重要水源涵养和水土保持生态功能区,生态环境优良。境内梅山、响洪甸两大水库总蓄水量为 50 亿 m³,淡水资源丰富。县内资源丰富,素有板栗之乡、名茶产地、丝绸大县、药库之美誉,是全国生态建设和生态农业示范区县;"红、绿、蓝"三色旅游资源丰富。钼矿探明储量 239 万吨以上,是世界第二、亚洲第一的特大型钼矿,开发价值巨大。金寨县是国家级首批重点贫困县,2011 年被确定为全国 11 个连片特困地区之一,经济总量小,工业基础薄弱,县域经济发展和扶贫开发任务艰巨。近 5 年来,通过水库移民后扶政策的实施,累计移民直补资金 4.5 亿元,投入后扶项目资金 2.25 亿元,实施后扶项目 2110 个,库区和移民安置区基础设施建设得到较大改善。

13.2　生态补偿现状及其对扶贫的影响

13.2.1　生态补偿现状

就 2012 年来说,金寨县已经开展的生态补偿主要有国家重点生态功能区转移支付(6608 万元)、林业专项转移支付(4613 万元)。扶贫补偿资金有水库移民直补资金(9323.76 万元)、扶贫项目资金 4994.14 万元,补偿资金合计为 25538.9 万元,生态补偿与扶贫补偿的资金比例分别为 43.94%、56.06%。金寨县生态补偿主要分为以下四种类型。

(1)国家重点生态功能区补偿

国家规定,大别山水土保持重点生态功能区转移补偿资金主要用于水源地的生态建设、环境保护、民生保障与政府基本公共服务等方面支出,补偿后由地方政府统筹使用。

(2)林业专项补偿

2012 年,金寨县的林业专项补偿主要包括五个方面:生态公益林补偿(2814 万元)、退耕还林补助(1023 万元)、国家级自然保护区补助(350 万元)、森林抚育补贴(200 万元)、造林补贴试点补助(226 万元),合计 4613 万元。

(3)库区移民直接补偿

金寨县的梅山和响洪甸属于两座大型水库(库容量 1000 万 m³ 或发电量 5 万 kW 以上),总库容量 50 亿 m³,建库移民达 10 万以上,现移民直接补助人口为 1.54 万人,淹没大量农田(0.67 万 hm^2)、经济林和山场(0.93 万 hm^2)。按照国家标准,每人补助 600 元/年,由于移民缺少土地等生产资料,基础设施落后,生产生活贫困程度大,移民多数仍处于贫困状态,扶贫任务艰巨。

(4)扶贫项目补偿

2012 年,金寨县扶贫项目补偿资金 4994.14 万元,金寨县扶贫开发主要以专项扶贫项目的形式落实,包括基础设施建设、整村推进扶贫、产业扶贫项目、雨露计划、产业化扶贫龙头企业贴息、资金互助社等。

13.2.2 生态补偿对扶贫开发的影响

王立安等认为生态补偿对贫困者的经济收入和就业机会等方面产生显著影响,如哥斯达黎加奥萨半岛的生态补偿项目和我国西部的退耕还林还草工程等都使贫困者的收入和人力资本增加、土地使用权稳固、享受环境服务,但多数生态补偿项目对贫困者的影响也有不确定的负面影响,如使没有土地的绝对贫困者减少或失去就业机会。生态补偿对金寨县扶贫开发的影响表现在以下几个方面。

(1)生态补偿为扶贫开发提供资金支持

生态补偿资金是金寨县扶贫开发实施的必要物质条件和保障。生态补偿资金可以提升居民生活水平、改善生态环保基础设施、生态经济,促进社会、经济、环境、人口资源协调和谐发展。扶贫过程中,建设道路交通等基础设施、兴办企业发展产业经济、开展劳动力技术培训等各个方面,均需要大量资金,尤其是金寨县库区移民扶贫开发缺乏发展资金支持,移民后缺少土地,搬迁建房后,政府发放的补贴仅够维持基本温饱,有的甚至负债,导致生产性资金严重不足,故生态补偿增加了扶贫资金,加大了扶贫开发力度。

(2)解决生态保护与区域发展之间的矛盾

自 20 世纪后半叶,资源环境和社会发展问题的矛盾日益激化,生态补偿已成为许多国家成功用于解决生态环境保护与经济发展之间矛盾的有效手段。建立和完善生态补偿机制是解决区域协调发展、实现社会公平、扶贫的重要手段和战略举措。大别山贫困地区是国家重要生态功能保护区,封山育林、退耕还林、禁止或限制开发保护水源,牺牲了地区居民发展机会。据新的国家扶贫标准,2012 年底全县贫困人口为 17.48 万人,贫困发生率为30.08%,比全市高 12 个百分点,比全省高 17 个百分点,生态补偿有利于缓解生态保护与发展之间的矛盾。

（3）促进区域城镇化和产业化

随着新型城镇化概念的提出和内涵的理解，以生态补偿资金、政策等途径进行生态或扶贫移民，通过内生主导产业促进新型城镇建设，是实现"能力扶贫"的关键保障。探索扶贫开发和生态补偿的融合机制，通过生态或库区移民，破除城乡二元结构对城乡发展一体化的制约，这是实现脱贫的根本途径。选择发展较好的、具有区域带动能力的县城及城镇，作为生态移民或扶贫移民安置重点，打造特色农产品、有机茶、林产品等主导产品、生产基地，积极发展现代中药加工业、环保产业，扶持区域生态产业，促进金寨县贫困山区城镇化和产业化，建立以城带乡、以工促农的有效机制。

13.3　生态补偿存在的问题和机制完善

13.3.1　生态补偿存在的问题

（1）补偿主体和类型有限

目前的补偿主体主要是上级政府财政转移支付和专项基金，下游受益地区政府、企业和居民并未付出，也没有建立跨行政区、流域的横向支付，其他融资渠道更少。目前金寨县生态补偿主要涉及功能区水源涵养和林木经济价值两方面，但针对水源地保护补偿、渔业补偿、工业限制性发展补偿、矿产资源开发限制补偿、碳排放等均没有涉及。如梅、响两库可养水面 0.733 万 hm²，为保护水源，限制投食性网箱和库湾渔业发展，仅此库区上万名居民年损失近亿元。金寨县是重要的碳源区，按照国内比较常用的合理价格即中国造林成本的平均值 272.65 元/t(C)，估算金寨县碳排放应接受的补偿为 30.893 亿元。

（2）补偿标准过低

对水源地居民的补偿，每公顷公益林只补 150 元，补偿标准远低于木材经济利用价值。据林业专家估算，金寨县各类公益林如以商品林进行经营，林权所有者的年收入可达 2.73 亿元，然全县公益林年补偿资金只有 2600 万元，资源价值超过 10 倍以上。由于经营公益林与经营商品林之间存在巨大的收益差距，林权所有者或经营者普遍认为现行补偿标准太低，远不能弥补农民的经济损失。

（3）资源有偿使用制度有待完善

据统计,金寨每年向合肥市等地无偿贡献优质水近 20 亿 m³用于工农业用水和居民生活用水,优质水资源价值未得到体现。水资源生态补偿标准由水费价格或经济发展水平而定,按照合肥市城市居民供水基本价格中水资源费为 0.06 元/吨(此价格低廉,也没有支付给相关部门),也要补偿 1.2亿元/年。工农业用水、城市用水等也更应该给予水源地补偿。对于污染企业,尚未建立环境资源税费制度和调控体系,资源有偿使用制度和生态环境补偿机制尚未建立健全。

（4）补偿方式单一

生态补偿形式多种多样,包括政策、制度、实物、资金、技术等补偿方式,但对于金寨县的生态补偿主要以资金为主,其他方式还未涉及,所以金寨县应该采取联动产业、人才技术、政策等多种补偿方式,加快扶贫开发,以促进区域经济的发展。

13.3.2　完善生态补偿机制

（1）建立生态补偿和扶贫开发协同机制

金寨县是大别山生态功能区的重要组成部分,生态环境保护和扶贫开发是区域发展的两大主题。明确生态补偿主客体、标准、原则,构建生态补偿机制,利用补偿资金改善重点功能区居民生活水平,加强环保基础设施建设,解决遗留的矿山开发、工业污染治理和农业面源污染等环境问题,适度发展生态旅游和生态加工业,大力发展生态农业和生态林业,不断提升县域自身社会、经济、环境、人口资源的协调和可持续发展能力和水平,这些问题均需要建立有效的协同机制,才能解决好区域发展的两大问题。

（2）坚持综合运用政府与市场手段

生态补偿机制建立初期,采取政府主导、市场为辅的机制,待资源有偿使用制度和生态环境补偿机制真正成熟起来,就可以实现市场为主,财政补偿为辅的机制。地方政府探索排污权交易及碳汇市场交易,鼓励环境保护和森林资源保护的企业、政府以及个人通过绿色碳基金"购买"碳汇和投资环境建设。

（3）逐步完善区域生态补偿制度

区域生态补偿涉及主客体、范围、资金来源和用途、补偿渠道、补偿标准、补偿方式和保障体系等方面。目前急需开展以下具体工作：①明确补偿标准和范围。金寨县生态补偿范围是限制开发区域及禁止开发区域居民等，需要对农业、林业、水利、渔业、矿产及自然保护等方面的生态补偿标准科学估算。②目前补偿主体应该由中央及省专项生态补偿资金扩大到受益地方政府财政、下游受益企业和居民。补偿制度前期还是主要以上级财政补偿为主，建议省财政设立生态补偿专门资金库。可采取财政补偿和社会补偿相结合，市场运作和受益方补偿相结合的方式。③根据社会经济发展水平适时调整补偿标准。目前应该加大上级财政生态补偿力度和提高林业公益林等补偿标准。就水库淡水资源而言，据专家估算和实际情况，目前较合理的标准是每年农业用水 150 元/hm²、工业用水 0.1 元/吨、生活用水 0.2 元/吨。

　　(4)加强生态补偿绩效评价

　　建立健全补偿机制只有明确责任义务，实施顶层设计，逐步试点推广，才有可能真正落到实处。建议省、县政府尽快出台生态补偿条例，明确补偿标准，明确相关补偿主客体的权利义务，建立考核评估体系，加强生态补偿绩效评价。如流域上游要保护生态环境，不断建立和完善境内的生态环保设施，确保为下游提供优质水，而下游受益区有义务给予生态补偿，并在政策、经济和技术等方面给予大力支持和帮助，促进上游区脱贫和可持续发展。

13.4　本章小结

　　生态补偿是扶贫开发的新手段和新途径，已经成为人们关注的热点问题。2012 年，金寨县生态补偿和水库移民直补资金分别为 1.122 亿元、1.432 亿元，以上补偿为扶贫开发提供资金支持、解决生态保护与区域发展之间的矛盾、促进区域城镇化和产业化等方面均发挥了重要的作用。目前生态补偿存在补偿主体和类型有限、标准低、资源有偿制度有待完善、补偿方式单一等问题。在此基础上，从扶贫协作、制度和效益评估方面，探讨金寨县生态补偿机制。

第14章　结论与研究展望

14.1　研究主要结论

14.1.1　生态补偿标准估算

(1)基于生态服务功能的生态补偿标准。通过合肥经济圈内的土地利用变化和生态服务功能价值估算,以及六安市和巢湖市发展权损失,来探讨生态补偿的标准和范围。结果显示:2007年,合肥经济圈的生态系统服务价值为356.84亿元,六安市、巢湖市两区域发展损失是144.85亿元,这分别是合肥经济圈水源地区域应获得的生态补偿标准的上下限范围。在此基础上,提出生态补偿的四种方式,即资金补偿、政策补偿、产业补偿和智力补偿的可行性。

(2)水资源生态补偿标准。

① 支付意愿法的生态补偿标准。2007年,合肥市区的人口为198.4万,合肥市地区的水资源的支付意愿为24.06元,因此,六安市和巢湖市受水区生态补偿的总额为4773.5万元/年,其中六安市水源地得到生态补偿为4296.2万元/年(供水量占90%)。

② 机会成本法的生态补偿标准。

A. 发展权损失。2007年,霍山县、金寨县发展权损失成本分别为5.99亿元、10.53亿元。2007年,合肥经济圈皖西大别山水源地区域应获得的生态补偿标准为16.52亿元,机会成本法估算的生态补偿标准可以作为补偿上限。

B. 退耕还林损失。根据合肥经济圈的实际,对合肥经济圈生态补偿标准进行计算,2007 年六安市和巢湖市退耕还林面积为 1572hm²,则退耕还林损失为 660.24 万元/年。

C. 水源地水土流失治理成本。六安市和巢湖市水土流失治理需要投入的资金约为 2853.4 万元/年,因此得到水源地水土流失治理成本估算。因此,以上三项为水源地保护水资而损失的机会成本,即 16.35 亿元,此为生态补偿的上限。

③ 费用分析法的生态补偿标准。以合肥经济圈水源地为例,采用支付意愿法、机会成本法和费用分析法计算生态补偿标准。研究结果显示:基于意愿支付价格的补偿标准为 4773.5 万元,基于机会成本的补偿标准为 16.35 亿元,基于水资源处理费用补偿标准分别为 1.9797 亿元。水资源处理费用补偿标准是补偿双方都比较容易接受的实际价格,可作为确定补偿标准的依据,在此基础上,提出合肥经济圈水源地水资源生态补偿机制和政策建议。

(3)碳排放的生态补偿标准范围。1997 年和 2007 年,合肥市均为碳源区,六安市和巢湖市均为碳汇区,从碳排放的角度算,合肥市应该为六安市和巢湖市生态补偿,其中 1997 年合肥市提供的生态补偿标准是 3.0 亿～24.9 亿元。由于 10 年间,合肥市碳排放总量的净增 800.8 万吨,2007 年提供的生态补偿标准增为 12.8 亿～105.1 亿元。对于六安市和巢湖市得到的生态补偿范围分别为 31.9 亿～278.1 亿元、0.6 亿～13.8 亿元。

2007 年,合肥市区应该向经济圈的其他地区提供 10.3 亿～84.5 亿元的生态补偿,巢湖市区应该向经济圈的其他地区提供 0.4 亿～3.5 亿元的生态补偿,而六安市区应该获得 3.7 亿～30.0 亿元的生态补偿;对于县来说:长丰、肥东、肥西、寿县、无为、和县均应该向省会经济区碳汇区不同程度的生态补偿,其中肥东向外补偿最多(1.0 亿～7.7 亿元),而霍邱、舒城、金寨、霍山、庐江、含山均应该获得不同程度的生态补偿,其中金寨获得的补偿最多(13.9 亿～114.5 亿元),霍山、舒城和六安市区获得的生态补偿也较多。

14.1.2　生态补偿环境背景调查分析

生态补偿环境背景调查分析显示:76.3%的居民对主体功能区资源或水资源的生态补偿政策配合、大力支持和倡导宣传;77.5%的水源地居民认为水资源生态补偿标准由水费价格或经济发展水平而定;34.9%的农户认为生态补偿金应由省政府或经济圈机构来发放;38.9%的农户认为生态补偿金由经济圈内的受益企业和事业单位来支付;67.7%的农户愿意通过技术培训满足外出打工需要或发展补偿产业。

14.1.3 碳排放效应分析

(1)合肥经济圈 1997 年和 2007 年碳排放变化。1997—2007 年,合肥经济圈三市的建设用地上碳排放量均有所增加,其中合肥市变化最大,增加了 3.65 倍,地均建设用地碳排放强度由 29.5t/hm² 增加为 107.3t/hm²,三市地均碳排放强度也均增大,分别增加了 3.65 倍、1.80 倍和 1.37 倍。10 年间,合肥经济圈内建设用地碳排放总量由 745.9 万吨增加到 1794.1 万吨,增加了 2.41 倍,年均增长 9.74%;地均碳排放强度增加 2.65 倍,年均增长 8.78%。

(2)安徽省各县市经济圈碳排放及空间差异。合肥经济圈各县的碳排放强度也存在很大差异。15 县市区域单元的建设用地碳排放量以市区最大,合肥市区和六安市区建设用地碳排放量均高于 100 万吨,巢湖市区为 99.9 万吨;在所有县中,只有无为县和肥西县值高于 100 万吨,比巢湖市区略高,其次是肥东县,为 96.6 万吨。

14.1.4 生态补偿等级区划和效应评价

(1)生态补偿空间差异及区划。2007 年,就合肥市区应该向经济圈的其他地区提供 10.293 亿~84.538 亿元的生态补偿,巢湖市区应该向经济圈的其他地区提供 0.424 亿~3.482 亿元的生态补偿,而六安市区应该获得 3.653 亿~30.003 亿元的生态补偿;对于县来说:长丰、肥东、肥西、寿县、无为、和县均应该向省会经济区碳汇区支付不同程度的生态补偿,其中肥东向外补偿最多(0.937 亿~7.696 亿元),而霍邱、舒城、金寨、霍山、庐江、含山均应该获得不同程度的生态补偿,其中金寨获得的补偿最多(13.938 亿~114.474 亿元),其次是霍山、舒城和六安市区。

(2)土地利用的碳排放效应评价。建设用地的碳排放能力最强,建设用地面积增加是导致合肥经济圈碳排放增加的主要原因。近 10 年,林地面积增加导致碳吸收量达 349.1 万吨,但仍难以抵消建设用地增加的碳排放量 1057.8 万吨,合肥经济圈总体碳排放增加 689.1 万吨。

(3)减少碳排放途径。合肥经济圈正处于城市化和工业化快速发展的阶段,耕地、林地减少,建设用地增加,能源消耗逐年增加,大气中碳排放量也随之增加。减少碳排放量的主要措施如下：调整土地利用方式、限制建设用地过度扩展、提高能源利用效率，调整能源结构、转变经济增长方式、实施碳排放生态补偿制度。

14.1.5 生态补偿分配模型及应用

利用 GIS 技术构建分配框架模型，以六安市碳排放和水资源的生态补偿总量 73.38 亿元为目标总量，以六安市各行政单元为分配主体，进行了初始分配模型的应用。六安市区、寿县、霍邱县、舒城县、金寨县和霍山县获得的生态补偿额分别为：4.969 亿元、7.705 亿元、9.172 亿元、9.539 亿元、28.325 亿元和 13.942 亿元。此模型为合肥经济圈各市生态补偿分配提供依据。

14.1.6 生态补偿政策、机制建设

（1）开展生态补偿的基础研究。对生态补偿有关的法规、规章和规范性文件进行梳理，为建立生态环境补偿机制提供法律依据；构建适合合肥经济圈水源地生态环境建设和保护的投入、财政、税收、收费、资源使用等制度，形成水生态补偿制度框架。

（2）加强政府调控作用。加强水利部门具体负责水生态补偿的管理、组织和指导，合肥经济圈相关职能部门负责协调合肥经济圈水源地区域与受益区域之间的工作，由地方政府建立和完善多部门协调配合、分工明晰、责权统一的管理体制。使用资源税、水费、政府财政补贴等经济杠杆，调节水资源价格，构建以政府调控和市场交易相结合的水价调控体系。

（3）构建多种补偿方式。生态补偿形式多种多样，包括政策补偿、制度补偿、实物补偿、资金补偿、技术补偿等。合肥经济圈功能区之间的补偿除资金、实物外，还可以采取绿色产业带动合作、提供人才技术支持、制定相关的优惠政策等多种方式，以促进水源地地区经济的发展。

（4）开展生态补偿机制的创新研究。合肥经济圈水源地生态建设需要多样化的融资渠道、多元化的投资主体。在增加财政投入的同时，还应当完善投资机制，拓宽投资渠道，通过市场机制吸引社会资金发展生态产业。积极探索建立生态破坏保证金，建立基于市场经济背景下的激励与约束机制，促进合肥经济圈水源地的保护。

14.1.7 生态补偿对策与机制

(1)提高生态补偿主客体的参与权。水源地生态补偿必须得到全社会的关心和支持,应注重生态补偿的科普教育和大众宣传,提高群众的生态补偿意识,明确水源地生态补偿的政策以及责、权、利的划分。在制定合肥经济圈生态补偿决策的时候应该多听取农户的意见和建议,提高其参与权,保证其应有的权利和义务,使农户积极主动地参与到生态补偿制度建设和生态环境保护之中。

(2)科学制定生态补偿标准。水源地生态补偿标准是实施生态补偿的核心问题,关系到补偿的效果和补偿者的承受能力。补偿标准的确定应基于现有经济活动受影响的机会成本和受偿意愿两个因素,依据造林和保护成本比较符合实际,按照所需的人力、物力进行成本核算,并以此确定补偿标准。合肥经济圈应以国家已有的规定为前提,结合当地的实际情况,制定生态补偿标准,先在个别乡镇试行,然后在合肥经济圈范围内推广实施。

(3)构建高效的生态补偿管理机构。从国内现实情况来看,补偿接受者有各级政府、农户等,而补偿支付者有各级政府、非政府组织、居民等,生态补偿相关政策实施涉及的事务和人员众多,需要高效的管理机构来有效地完成各项工作,所以构建高效的生态补偿机构是实施补偿政策的重要环节。

(4)积极开展"输血型"和"造血型"补偿相结合的补偿方式。根据水源地生态补偿方式问卷调查研究得出,短期内合肥经济圈的生态补偿方式以资金补偿和政策补偿为主,也需要智力补偿、产业补偿等"造血型"补偿方式。通过项目产业等补偿的形式,将补偿资金转化为项目产业并安排到水源区,帮助水源区群众建立替代产业,从而发展生态经济产业,解决就业和增加收入,使外部补偿转化为自我积累能力和自我发展能力。

(5)扩展多元化融资渠道。合肥经济圈应该扩展多元化融资渠道,加强对个人、企业的激励机制,采取积极鼓励和优惠的配套政策;在人力和资金都缺乏的贫困地区,合肥经济圈相关部门应参与相关的国内外补偿项目,寻求相关组织的捐赠补偿资金,实现补偿主体多元化,补偿方式多样化,推动生态补偿机制和制度的顺利实施。

14.2 研究展望

14.2.1 生态补偿标准估算的侧重点

生态补偿标准及其确定方法是建立生态补偿机制的重点和难点。较多学者开展生态补偿标准方法及实证研究,如李晓光等人总结的国内外生态补偿标准的理论基础和具体方法有:生态效益等价分析法、生态系统服务功能价值法、市场法、机会成本法、意愿调查法和微观经济学模型法、影子工程法、旅行费用法、选择实验法等,对比分析各种方法的适应性和特点,并且列举相关实证研究。赵卉卉等人对流域水资源生态补偿核算方法补充了水质水量保护目标核算法等方法。以上方法均从资源市场价值(符合实际)和服务功能价值(补偿上限)为补偿依据,也有学者从区域发展机会公平的角度提出发展权损失的补偿方法(补偿下限)。生态补偿方法差异性体现了学者从不同角度探索区域环境保护和发展协调的有效手段,均为区域之间利益平衡和可持续发展提供了一定的科学参考依据。

本研究从生态服务价值(综合环境资源价值)、土地利用碳排放补偿标准(单要素资源价值)、发展机会法补偿标准三种方法分别测算了经济圈、国家级贫困县、安徽省等不同区域补偿标准。其中:(1)资源市场价值比较符合实际,较接近体现资源的市场价值。碳汇只是资源的市场价值之一。因为大别山区林地面积大,碳汇资源突出,故单独列出估算,为林地保护和退耕还林补偿提供依据,适合于企业与林业部门、居民等之间的补偿。(2)服务功能价值为区域补偿上限,确定大别山区生态服务功能价值总量,清晰而科学地认识大别山区的整体价值总量及补偿上限,适合于国家层面上(国家大别山主体功能区水源涵养地)给予财政转移支付的标准依据。(3)发展权损失的补偿为补偿下限,从社会发展的公平性角度,探索补偿量,适合于跨行政区之间的补偿。

尽管生态补偿方法差异性体现了学者从不同角度探索区域环境保护和发展协调的有效手段,均有一定的科学性,为国家、地方政府部门、企业等具体补偿操作提供一定的科学参考依据。对于皖西和皖西南贫困县(宿松县、望江县、太湖县、岳西县、潜山县、金寨县),可以依据碳汇资源市场价值、服务功能价值作为补偿的重点,而皖北、皖西(寿县、霍邱、泉县、利辛县、颍上县、阜南县)等县可以依据发展机会作为补偿的重点。

14.2.2 矿产资源开发生态补偿

安徽省正实施合肥经济圈发展战略和生态省建设,自然资源、生态环境与可持续发展之间的矛盾日益凸显。本研究开展合肥与六安、巢湖的水资源、碳排放和生态服务资源环境价值等生态补偿,但淮南与合肥等城市的能源和矿区修复生态补偿等问题受到社会各界的广泛重视,已经成为亟待解决的问题之一,此方面研究有待于今后深入探讨。

14.2.3 GIS生态补偿分配模型的应用与实践

本研究根据水源地的环境现状、资源总量、人口数量、经济发展水平、社会公平、技术水平等六个方面的指标体系,利用层次分析法和德尔菲法确定模型中的参数和各个指标的具体权重;采用多目标线性加权求和模型,利用GIS技术实现数据的预处理、空间和属性数据的综合管理,各个图层数据集成以构建模型框架,通过模型方便计算和可视化时空分配结果。根据六安市碳排放和水源地生态补偿总额,应用模型确定分配补偿额,但对于其他区域,分配模型等相关参数需要进一步验证和深入研究。

14.2.4 大别山区贫困县生态补偿式发展模式探讨

自20世纪后半叶,资源环境和社会发展问题矛盾日益激化,生态补偿已被许多国家成功用于解决生态环境保护与经济发展之间矛盾的有效手段。生态补偿逐步成为国际共识和研究热点。党的十八届三中全会特别提出要实行资源有偿使用和生态补偿制度,建立和完善生态补偿机制是解决区域协调发展、实现社会公平、扶贫的重要手段和战略举措。

由于我国自然地理、历史等原因,区域发展不平衡问题突出,贫困地区特别是集中连片特殊困难地区发展水平低,扶贫开发任务仍然十分艰巨。国务院颁布了《中国农村扶贫开发纲要(2011—2020)》,决定把集中连片特殊困难地区作为新阶段扶贫攻坚的主战场,加大投入和支持力度,进一步加快贫困地区发展。其中大别山区横跨鄂豫皖三省,是国家确定的集中连片特殊困难地区之一。安徽省大别山片区是革命老区、优质淡水资源库区、重点扶贫开发区,贫困程度深,生态环境保护与扶贫开发矛盾突出。从大别山区的生态服务功能价值、碳汇市场价值和发展机会公平的三个角度看,大别山区的生态补偿款为扶贫移民和扶贫开发筹集的资金,为了消除大别山区的贫困,应该结合各县市区域资源、环境、社会、经济等实际情况,开展调查与分析,提出切实可行的发展模式是未来探讨的重点。

14.2.5 积极探索生态补偿创新机制

当前江淮开发区向大别山水源涵养区提供生态补偿的主要渠道有专项基金和财政转移支付两种,着重体现在以纵向生态补偿为主,而严重缺乏横向生态补偿。其中,财政转移支付这种方式的生态补偿是最主要的资金来源,由中央对地方转移支付的纵向转移支付占绝对主导地位。但是这种全然由中央政府买单的方式不仅不能调动人们的积极性,而且令很多地方产生依赖。合肥经济圈的生态服务提供者主要集中在皖西大别山区,而受益者却大多集中在合肥经济圈中的江淮开发区,提供者与受益者在地理位置上的不对应,导致皖西大别山区生态服务的提供者和保护者无法得到应有的合理补偿,形成了提供生态服务的人数和区域与受益的人数和区域不平衡的不合理局面。合肥经济圈中各城市、各区域之间的横向转移支付微乎其微。目前合肥经济圈生态补偿机制还不健全,进一步完善区域生态补偿机制十分必要。

附1 合肥经济圈生态补偿环境分析问卷调查表

问卷选项从中钩选其中一项或多项。

您的性别:a. 男　b. 女　　您的年龄：　a. ≤30　b. 30~55　c. ≥55

您的教育程度:a. 小学及以下　b. 初中　c. 高中　d. 大学

1. 您对生态补偿了解吗？如果知道您支持吗？

a. 不了解,不支持　　　　　　　b. 了解,不支持

c. 了解,支持　　　　　　　　　d. 说不好

2. 皖西六大水库为合肥市提供饮用水,你认为合肥市居民应该每人每年支付多少元(人民币)作为水源地保护费用较合适？

a. 10~20 元　　　　　　　　　b. 20~30 元

c. 30~50 元　　　　　　　　　d. 说不准

e. 根据水费价格或经济发展水平而定

3. 您知道关于生态补偿的相关政策和规定吗？

a. 知道　　　　　　　　　　　b. 不知道

4. 您认为补偿金应由谁来发放？

a. 省政府　　　　　　　　　　b. 县政府

c. 乡政府　　　　　　　　　　d. 其他

e. 经济圈内的企业

5. 如果为了水源地或者保护生态公益林区,需要您迁出目前居住地,您是否愿意？

a. 愿意　　　　　　　　　　　b. 不愿意

c. 不知道　　　　　　　　　　d. 看如何安置

6. 您自愿参加公益林或水源地环境建设吗？

a. 愿意　　　　　　　　　　b. 不愿意

c. 不一定

7. 您不愿意参加公益林或水源地环境建设的理由是什么？

a. 出租土地的利润高　　　　b. 现金补助不够多

c. 补助年限不够长

d. 不认为政府会真的提供补助

e. 不知道

8. 如果是水源地建设需要，让您放弃土地外出打工，您愿意吗？

a. 愿意　　　　　　　　　　b. 不愿意

c. 去处合适就愿意　　　　　d. 培训后有技术就愿意

e. 不知道

9. 如果是外出打工需要，政府举办外出打工的技术培训和指导，您愿意参加吗？

a. 愿意　　　　　　　　　　b. 不愿意

c. 不知道　　　　　　　　　d. 会考虑的

10. 您认为生态补偿政策实施会改善您的生活吗？

a. 会的　　　　　　　　　　b. 不会的

c. 不知道　　　　　　　　　d. 不一定

11. 您愿意接受哪种生态补偿的方式？

a. 资金　　　　　　　　　　b. 技术培训

c. 优惠政策　　　　　　　　d. 不知道

e. 减税或补贴

12. 您认为水资源生态补偿的资金由哪些主体来支付较合适？

a. 政府　　　　　　　　　　b. 受益企业和事业单位

c. 受水居民　　　　　　　　d. 污染企业

e. 不知道

13. 您认为森林资源生态补偿的资金由哪些主体来支付较合适？

a. 政府

b. 受益于森林生态效益的企业

c. 受益于森林生态效益，从事生产经营活动的单位和个人

d. 受益居民　　　　　　　　e. 污染企业

14. 您认为森林资源或水资源的生态补偿标准如何确定较合适？

a. 政府制定　　　　　　　　b. 专业人员估算

c. 参照国外做法

d. 由保护成本和资源价值来确定

e. 不知道

15. 如果实施森林资源或水资源的生态补偿政策，您的态度是：

a. 配合　　　　　　　　　　b. 大力支持和倡导宣传

c. 参与　　　　　　　　　　d. 不一定

e. 不知道

16. 如果您收到生态补偿金后，打算如何使用？

a. 吃饭　　　　　　　　　　b. 购置生活用品（衣物）

c. 教育和就业培训　　　　　d. 医疗

e. 其他生产资料（种子化肥等）

附2 安徽省大别山区生态补偿式 扶贫开发途径问卷调查表

从选项中钩选其中一项或多项。

您的性别:a. 男 b. 女 您的年龄: a. ≤30 b. 30～55 c. ≥55

您的教育程度:a. 小学及以下 b. 初中 c. 高中 d. 大学

安徽大别山区生态补偿式扶贫开发问卷调查(可以多选,按照优先等级排序写出选项)

1. 您认为安徽大别山扶贫开发途径有:

A 旅游扶贫 B 生态补偿 C 务工培训 D 生态移民 E 产业开发
F 教育扶贫 H 资金扶贫(   )

2. 您认为安徽大别山贫困原因是:

A 自身素质低 B 缺乏资金支持 C 自然条件差和生产效率低 D 缺乏培训指导与教育 E 社会扶持力度不够 F 就业机会少 G 社会政策不健全(   )

3. 您认为安徽大别山扶贫开发最适合的方式是:

A 生态补偿式 B 教育培训式 C 产业式(造血式) D 资金式(输血式)

4. 您认为安徽大别山区急需的扶贫开发项目有:

A 退耕还林 B 交通建设 C 特色农业生产 D 旅游开发 E 水源地保护 F 产业项目(   )

5. 您认为安徽大别山区脱贫需要的条件是?

A 政府支持 B 增加就业机会 C 个人努力 D 技能培训
E 改善交通等基础设施(   )

6. 您认为皖西大别山区适合的扶贫项目有：

A 退耕还林　B 农业生产　C 旅游开发　D 交通水利等设施建设

E 特色农业生产　F 雨露工程（　　　）

7. 您认为安徽大别山区需要的扶贫技能培训有：

A 农业实用技能　B 劳务输出技能　C 旅游等服务技能　D 职业技能

E 创业培训（　　　）

8. 您认为安徽大别山区生态补偿以何种形式使贫困者受益最大？

A 发放资金　B 开展农业技术培训　C 提供就业机会　D 改善当地基础设施（新建公路、水电站）　E 其他（　　　）

9. 您对国家出台的各种扶贫和生态补偿政策是如何理解的？

A 完全支持　B 应该还可以提供更多更好的服务　C 政策好，但很难执行　D 不清楚有何政策（　　　）

10. 您认为安徽大别山区生态补偿对本区域发展的重要程度是？

A 极其重要　B 非常重要　C 较重要　D 一般　E 不重要　F 无所谓（　　　）

11. 您认为安徽大别山区生态补偿扶贫款如何发放与利用较为合适？

A 单户划拨利用　B 政府保存专款专用　C 整村划拨共用

D 其他（　　　）

12. 您认为安徽大别山区生态补偿资金最佳利用方式是？

A 改善家庭生活　B 保护水源地等生态环境　C 参加培训或提高自身素质　D 经商或办厂　E 其他（　　　）

附3 我国生态补偿相关政策

时间	法律相关内容
1983 年 12 月 31 日	国务院召开第二次全国环境保护会议,正式将环境保护确立为我国的基本国策
1992 年	国务院第一次将建立森林生态效益补偿制度作为我国经济体制改革的重要内容
1992 年	国务院批准国家体改委文件《关于 1992 年经济体制改革要点的通知》,首次提出要建立林价制度和森林生态效益补偿制度,实行森林资源有偿使用
1996 年 1 月	中共中央、国务院在《关于"九五"时期和今年农村工作的主要任务和政策措施》中明确:要按照分类经营原则,逐步建立森林生态效益补偿费制度和生态公益林建设投入机制,加快森林植被的恢复和发展
1997 年 2 月	中共中央、国务院《关于 1997 年农业和农村工作的意见》要求森林生态效益补偿基金也要抓紧研究,尽快建立起来
1999 年 11 月	国务院公布《全国生态环境建设规划》,明确提出:按照"谁受益、谁补偿,谁破坏、谁恢复"的原则,建立生态效益补偿制度
2000 年	国务院办公厅《关于森林生态效益补偿基金问题的意见》进一步强调:建立森林生态效益补偿基金,对于改善我国生态环境,实现可持续发展战略具有重要作用
2001 年	财政部同意设立森林生态效益补助基金,主要用于提供生态效益的防护林和特种用途林(统称生态公益林)的保护和管理,这标志着我国森林生态效益补偿制度进入了正式实施阶段

时间	法律相关内容
2003 年 6 月	中共中央、国务院发布《关于加快林业发展的决定》，明确提出：凡纳入公益林管理的森林资源，政府将以多种方式对投资者给予合理补偿。公益林建设投资和森林生态效益补偿基金，按照事权划分，分别由中央政府和各级地方政府承担。森林生态效益补偿基金分别纳入中央和地方财政预算，并逐步增加资金规模。上述规定，进一步明确了生态公益林生态补偿制度
2004 年 3 月	国务院在《关于进一步推进西部大开发的若干意见》中提出：建立生态建设和环境保护补偿机制，鼓励各类投资主体投入生态建设和环境保护，正式将建立西部生态补偿机制提升到新的高度
2005 年 10 月	党的十六届五中全会通过《中共中央关于制定国民经济和社会发展第十一个五年规划的建议》，明确提出了要"按照谁开发谁保护、谁受益谁补偿的原则，加快建立生态补偿机制"，推进资源节约型、环境友好型社会建设，正式将建立生态补偿机制作为国家任务列入"十一五"规划之中
2005 年 12 月	《国务院关于落实科学发展观　加强环境保护的决定》提出：要完善生态补偿政策、尽快建立生态补偿机制，国家和地方可分别开展生态补偿试点
2006 年 1 月	中共中央、国务院在《关于推进社会主义新农村建设的若干意见》中提出："按照建设环境友好型社会的要求，继续推进生态建设，切实搞好退耕还林、天然林保护等重点生态工程，稳定完善政策，培育后续产业，巩固生态建设成果。继续推进退牧还草、山区综合开发。建立和完善生态补偿机制。"
2006 年 3 月	十届人大四次会议通过《中华人民共和国国民经济和社会发展第十一个五年规划纲要》，进一步明确提出：按照谁开发谁保护、谁受益谁补偿的原则，建立生态补偿机制
2006 年 10 月	党的十六届六中全会通过《关于构建社会主义和谐社会若干重大问题的决定》，进一步强调要完善有利于环境保护的产业政策、财税政策、价格政策，建立生态环境评价体系和补偿机制，促进人与自然相和谐

时间	法律相关内容
2007 年 3 月	十届人大五次会议《政府工作报告》指出：健全矿产资源有偿使用制度，加快建立生态环境补偿机制，第一次正式提出建立以矿产资源为对象的生态环境补偿机制
2007 年 10 月	党的十七大报告指出：实行有利于科学发展观的财税制度，建立健全资源有偿使用制度和生态环境补偿机制
2008 年 3 月	十一届人大一次会议《政府工作报告》指出：改革资源税费制度，完善资源有偿使用制度和生态环境补偿机制
2013 年 11 月 18 日	十八届三中全会提出，建设生态文明，实行资源有偿使用制度和生态补偿制度。近年来，山东从矿山、海洋多方面入手，探索建立资源有偿使用和生态补偿制度

附4 我国生态补偿相关法律

法律名称	内 容
《中华人民共和国宪法》	第9条规定:国家保障自然资源的合理利用,保护珍贵的动物和植物。禁止任何组织或者个人用任何手段侵占或者破坏自然资源
《中华人民共和国环境保护法》	第6条规定:县级以上地方人民政府环境保护行政主管部门,对本辖区的环境保护工作实施统一管理。该法第19条规定:开发利用自然资源,必须采取措施保护生态环境
《中华人民共和国土地管理法》	依法对土地实行征收或者征用并给予补偿,还规定国家实行占用耕地补偿制度。非农业建设经批准占用耕地的,按照"占多少,垦多少"的原则,补偿制度主要为了维持耕地数量的平衡。《土地管理法》第32条规定了耕地生态修复责任主体
《中华人民共和国农业法》	对种植业、林业、畜牧业和渔业等农业资源利用和保护的法律责任及有关补助进行了系统性的总体规范
《中华人民共和国森林法》	在我国第一次以法律条文的形式明确建立生态补偿制度。该法规定:国家设立森林生态效益补偿基金,用于提供生态效益的防护林和特种用途林的森林资源、林木的营造、抚育、保护和管理。《森林法》第18条规定:进行勘查、开采矿藏和各项建设工程占用或者征用林地的,由用地单位依照国务院有关规定缴纳森林植被恢复费
《中华人民共和国水法》	该法第7条规定:国家对水资源依法实行取水许可制度和有偿使用制度
《中华人民共和国矿产资源法》	规定国家实行探矿权、采矿权有偿取得的制度,开采矿产资源,必须按照国家有关规定缴纳资源税和资源补偿费

法律名称	内　　容
《中华人民共和国草原法》	明确规定因建设征用或者使用草原的,应当缴纳草原植被恢复费。草原植被恢复费是草原生态补偿机制的重要内容,但是迄今为止,国务院仍然没有出台有关草原植被恢复费征收、使用和管理的法规
《中华人民共和国野生动物保护法》	规定因保护国家和地方重点保护野生动物,造成农作物或者其他损失的,由当地政府给予补偿
《中华人民共和国水土保持法》	第 20 条规定:对水行政主管部门投资营造的水土保持林、水源涵养林和防风固沙林进行抚育和更新性质的采伐时,所提取的育林基金应当用于营造水土保持林、水源涵养林和防风固沙林
《中华人民共和国防沙治沙法》	规定国务院和沙化土地所在地区的地方各级人民政府应当在本级财政预算中,按照防沙治沙规划,通过项目预算安排资金,用于本级人民政府确定的防沙治沙工程。对因保护生态的特殊要求,将治理后的土地批准划为自然保护区或者沙化土地封禁保护区的,批准机关应当给予治理者合理的经济补偿
《中华人民共和国自然保护区条例》	规定管理自然保护区所需经费,由自然保护区所在地的县级以上地方人民政府安排。国家对国家级自然保护区的管理,给予适当的资金补助
《中华人民共和国民法通则》	规定:国家所有的森林、山岭、草原、荒地、滩涂、水面等自然资源,可以依法由全民所有制单位使用,也可以依法确定由集体所有制单位使用,国家保护它的使用、收益的权利;使用单位有管理、保护、合理利用的义务
《中华人民共和国担保法》	虽然没有明确规定森林资源可以作为债权担保物,但是又规定,以林木抵押的,办理抵押物登记的部门为县级以上林木主管部门。实际上确立了森林资源的抵押担保法律地位。林木资源抵押担保的法律规定对林业融资,盘活森林资源资产存量、优化林业部门资产结构具有重大意义
《中华人民共和国企业所得税法》	国家制定了一系列的涉外经济政策和法规,对从事农林资源开发性的产业从税收方面给予必要的优惠。规定从事农、林、牧、渔业项目的企业所得,可以免征、减征企业所得税
《中华人民共和国耕地占用税暂行条例》	规定对占用耕地建房或者从事其他非农业建设的单位和个人征收耕地占用税

参考文献

[1] 赖力,黄贤金,刘伟良. 生态补偿理论、方法研究进展[J]. 生态学报 2008,28(6):2870-2877.

[2] 许晨阳,钱争鸣,李雍容,等. 流域生态补偿的环境责任界定模型研究 [J]. 自然资源学报,2009,24(8):1488-1496.

[3] 谢高地,鲁春霞,冷允法,等. 青藏高原生态资产的价值评估[J]. 自然资 源学报,2003,18(2):189-196.

[4] 陈仲新,张新时. 中国生态系统效益的价值[J]. 科学通报,2000,45(1): 17-22.

[5] Turner R. K, Daily G. C. The Ecosystem Services Framework and Natural Capital Conservation[J]. Environment Resource Economy, 2008,39:25-35.

[6] Costanza R, d'Arge R, de Groot R, et al. The value of the world's ecosystem services and natural capital [J]. Nature,1997,387:253-260.

[7] 中国生态补偿机制与政策研究课题组. 中国生态补偿机制与政策研究 [M]. 北京:科学出版社,2007.

[8] 孔凡斌. 江河源头水源涵养生态功能区生态补偿机制研究——以江西 东江源区为例[J]. 经济地理,2010,30(2):299-305.

[9] 王金南,庄国泰. 生态补偿机制与政策设计国际研讨会论文集[M]. 北 京:中国环境科学出版社,2006.

[10] 周大杰. 流域水资源管理中的生态补偿问题研究[D]. 北京:北京师范 大学,2005.

[11] 李芬,甄霖,黄河. 土地利用功能变化与利益相关者受偿意愿及经济补 偿研究[J]. 资源科学,2009,31(4):580-589.

[12] 王晓辉,关伟,徐会. 等. 合肥经济圈建设中的生态补偿问题探讨[J].

安徽农业大学学报:社会科学版,2008,17(3):42-45.

[13] Brian C. Murray,Robert C. Abt. Estimating Price Compensation Requirements for Eco-certified Forestry [J]. Ecological Economics,2001,(36):149-163.

[14] 毛占锋,王亚平. 跨流域调水水源地生态补偿定量标准研究[J]. 湖南工程学院学报,2008,18(2):15-18.

[15] 徐大伟,郑海霞,刘民. 基于跨区域水质水量指标的流域生态补偿量测算方法研究[J]. 中国人口资源与环境,2008,18(4):189-194.

[16] 刘晓红,虞锡君. 基于流域水生态保护的跨界水污染补偿标准研究——关于太湖流域的实证分析[J]. 生态经济,2007(8):129-135.

[17] 刘晓红,虞锡君. 钱塘江流域水生态补偿机制的实证研究[J]. 生态经济,2009,9:46-49,53.

[18] 李怀恩,谢元博,史淑娟,等. 基于防护成本法的水源区生态补偿量研究[J]. 西北大学学报:自然科学版,2009,39(5):875-878.

[19] 白景锋. 跨流域调水水源地生态补偿测算与分配研究[J]. 经济地理,2010,30(4):657-661.

[20] 胡熠,李建建. 闽江流域上下游生态补偿标准与测算方法[J]. 发展研究,2006 ,(11):95-97.

[21] 孔凡斌. 基于主体功能区划的我国区域生态补偿机制研究[J]. 鄱阳湖学刊,2012,(5):11-20.

[22] 高旭艳. 从加速生态建设谈我省水土保持规划[J]. 陕西水利水电技术,2000,2(1):10-12.

[23] 王金南,万军,张惠远,等. 中国生态补偿政策评估与框架初探[A]. 王金南,庄国泰. 生态补偿机制与政策设计国际研讨会论文集[C]. 北京:中国环境科学出版社,2006.

[24] 李传武. 皖西大别山区水土流失机理分析及治理[J]. 皖西学院学报,2003,19(2):70-74.

[25] 黄润,朱诚,葛向东,等. 皖西大别山北坡水土流失与生态修复[J]. 水土保持通报,2004,24(6):90-93.

[26] 安徽省统计局,国家统计局安徽调查总队编. 安徽统计年鉴(2004年)[M]. 北京:中国统计出版社,2004.

[27] 六安市统计局. 六安统计年鉴(2004)[M]. 北京:中国统计出版

社,2004.

[28] 夏守先,李国. 合肥经济圈水资源质量评价及水资源保护措施初探 [J]. 治淮,2009,12:11-12.

[29] 张建肖,安树伟. 国内外生态补偿研究综述[J]. 西安石油大学学报:社 会科学版,2008,18(1):23-28.

[30] Bienabe E,Hearne R R. Public preferences for biodiversity conservation and scenic beauty within a framework of environmental services payments. Forest Policy and Economics,2006(9),335-348.

[31] Moran D,McVittie A,Allcroft D J,et al. Quantifying public preferences for agri-environmental policy in Scotland:a comparison of methods. Ecological Economics,2007,63(1):42-53.

[32] 黎洁,李树茁. 基于态度和认知的西部水源地农村居民类型与生态补 偿接受意愿——以西安市周至县为例[J]. 资源科学,2010,32(8):1505 -1512.

[33] 任勇,俞海,冯东方,等. 建立生态补偿机制的战略与政策框架[J]. 环 境保护,2006,(10A):18-23.

[34] Christian Langpap. Conservation of endangered species:Canincentives work for private landowners? [J]. Ecological Economics,2006,57: 558-572.

[35] 李青,张落成,武清华. 太湖上游水源保护区生态补偿支付意愿问卷调 查——以天目湖流域为例[J]. 湖泊科学,2011,23(1):143-149.

[36] 李芬,甄霖,黄河清,等. 鄱阳湖区农户生态补偿意愿影响因素实证研 究[J]. 资源科学,2010,32(5):824-830.

[37] 李芬,陈红枫. 海南省森林生态补偿机制的社会经济影响分析[J]. 中 国人口·资源与环境,2007,17(6):113-118.

[38] Florence Bernard,Rudolf S. de Groot,José Joaquín Campos. Valuation of tropical forest services and mechanisms to finance their conservation and sustainable use:A case study of Tapantí National Park,Costa Rica[J]. Forest Policy and Economics,2009,11(3): 174-183.

[39] 王静,沈月琴. 森林碳汇及其市场的研究综述[J]. 北京林业大学学报: 社会科学版,2010,9(2):82-87.

[40] 张秀梅,李升峰,黄贤金,等.江苏省 1996 年至 2007 年碳排放效应及时空格局分析[J].资源科学,2010,32(4):768-775.

[41] 陈彦玲,王琛.影响中国人均碳排放的因素分析[J].北京石油化工学院学报,2009,179(2):54-58.

[42] 徐国泉,刘则渊,姜照华.中国碳排放的因素分解模型及实证分析:1995—2004[J].中国人口·资源与环境,2006,16(6):158-161.

[43] 邹秀萍,陈劲锋,宁森,等.中国省级区域碳排放影响因素的实证分析[J].生态经济,2009(3):34-37.

[44] 李颖,黄贤金,甄峰.江苏省区域不同土地利用方式的碳排放效应分析[J].农业工程学报,2008,9(24):102-107.

[45] 王中英,王礼茂.中国经济增长对碳排放的影响分析[J].安全与环境学报,2006,6(5):88-91.

[46] 谭丹,黄贤金.我国工业行业的产业升级与碳排放关系分析[J].四川环境,2008,27(2):74-78.

[47] Cai Zu-Cong, Kang Guo-Ding, H. Tsuruta, et al. Estimate of CH_4 emissions from year-round flooded rice field during ricegrowing season in China[J]. Pedosphere,2005,15(1):66-71.

[48] 何勇.中国气候、陆地生态系统碳循环研究[M].北京:气象出版社,2006.

[49] 汪刚,冯霄.基于能量集成的 CO_2 减排量的确定[J].化工进展,2006,25(12):1467-1470.

[50] 方精云,郭兆迪,朴世龙,等.1981—2000 年中国陆地植被碳汇的估算[J].中国科学(D辑:地球科学),2007,37(6):804-812.

[51] 杨玉坡.全球气候变化与森林碳汇作用[J].四川林业科技,2010,31(1):14-17.

[52] 黄方,张合平,陈遐林.湖南主要森林类型碳汇功能及其经济价值评价[J].广西林业科学,2007,36(1):56-60.

[53] 许文强.森林碳汇价值评价——以黑龙江省三北工程人工林为例[D].昆明:西南林学院,2006.

[54] 许俊杰,王海霞,张小力.二氧化碳排放的国际比较及对我国低碳经济发展的启示[J].中国人口·资源与环境,2011,21(3):501-504.

[55] 白景锋.跨流域调水水源地生态补偿测算与分配研究——以南水北调

中线河南水源区为例[J]. 经济地理,2010,3(4):657-661,687.

[56] Bienabe E, Hearne R R. Public preferences for biodiversity conservation and scenic beauty with in a framework of environmental services payments [J]. Forest Policy and Economics,2006 (9) ,335-348.

[57] Moran D, McVittie A, Allcroft D J, et al. Quantifying public preferences for agri-environmental policy in Scotland: a comparison of methods[J]. Ecological Economics,2007,63 (1): 42-53.

[58] Johst K, Drechsler M, Watzold F. An ecological-economic modeling procedure to design compensation payments for the efficient spatio-temporal allocation of species protection measures[J]. Ecological Economics,2002 (41): 37-49.

[59] 吕志贤,李元钊,李佳喜. 湘江流域生态补偿系数定量分析[J]. 中国人口·资源与环境,2011,21(3):451-454.

[60] 傅晓华,赵运林. 湘江流域生态补偿标准计量模型研究[J]. 中南林业科技大学学报,2011,31(6):96-101.

[61] 刘强,彭晓春,周丽旋,等. 城市饮用水水源地生态补偿标准测算与资金分配研究——以广东省东江流域为例[J]. 生态经济,2012,1:33-37.

[62] 孙艳. 推进合肥经济圈一体化发展对策研究[J]. 淮南师范学院学报,2014,16(3):111-116.

[63] 程必定. 行政区划调整后合肥经济圈的发展趋向[J]. 合肥学院学报:社会科学版,2012,29(2): 3-6.

[64] 陈洁. 基于组合评价的合肥经济圈界定分析[J]. 合肥学院学报:社会科学版,2013,30(2): 35-40.

[65] 王晓辉,关伟,徐会,等. 合肥经济圈建设中的生态补偿问题探讨[J]. 安徽农业大学学报:社会科学版,2008,17(3):42-45.

[66] 单薇,方茂中. 基于主成分构建生态补偿效益评价模型[J]. 河南科学,2009,27(11):1441-1444.

[67] 王静雅,何政伟,于欢. GIS与层次分析法相结合的生态环境综合评价研究——以渝西地区为例[J]. 生态环境学报,2011,20(8-9):1268-1272.

[68] 于术桐,黄贤金,程绪水,等. 流域排污权初始分配模型构建及应用研

究——以淮河流域为例[J]. 资源开发与市场,2010,26(5):400-404.

[69] 徐建华. 现代地理学中的数学方法(第2版)[M]. 北京:高等教育出版社,2002.

[70] 汤国安,杨昕. ArcGIS地理信息系统空间分析实验教程[M]. 北京:科学出版社,2006.

[71] Wunder S. The efficiency of payments for environmental services in tropical conservation [J]. Conservation Biology,2007,21(1): 48-58.

[72] 宋玉柱,高岩,宋玉成. 关联污染物的初始排污权的免费分配模型[J]. 上海第二工业大学学报,2006,23(3),194-199.

[73] 王女杰,刘建,刘磊,等. 中国生态补偿的保障机制研究[J]. 中国环境管理,2009,(4):6-12.

[74] 余维祥. 长江上游生态补偿的困境与对策[J]. 生态经济,2014,30(6):171-174.

[75] Bienabe E,Hearne R R. Public preferences for biodiversity conservation and scenic beauty within a framework of environmental services payments [J]. Forest Policy and Economics,2006(9),335-348.

[76] Moran D,McVittie A,Allcroft D J,et al. Quantifying public preferences for agri-environmental policy in Scotland: a comparison of methods[J]. Ecological Economics,2007,63(1):42-53.

[77] 王女杰,刘建,吴大千,等. 基于生态系统服务价值的区域生态补偿——以山东省为例[J]. 生态学报,2010,30(23):6646-6653.

[78] 王淑军,刘建,王仁卿,等. 生态补偿机制与生态系统服务功能评价[J]. 生态科学进展,2008,4:127-139.

[79] 陈仲新,张新时. 中国生态系统效益的价值[J]. 科学通报,2000,45(1):17-22.

[80] Turner R. K,Daily G. C. The Ecosystem Services Framework and Natural Capital Conservation[J]. Environment Resource Economy. 2008,39:25-35.

[81] Costanza R,d'Arge R,de Groot R,et al. The value of the world's ecosystem services and natural capital [J]. Nature,1997,387:253-260.

[82] Yang G M,Li W H,Min Q W. Review of foreign opinions on evaluation of

ecosystem services[J]. Acta Ecologica Sinica,2006,26(1):205 – 212.

[83] 梁修存,丁登山,葛向东. 大别山五大水库区社会经济发展系统分析与反贫困策略[J]. 2002,20(2):199 – 205.

[84] Bienabe E,Hearne R R. Public preferences for biodiversity conservation and scenic beauty within a framework of environmental services payments[J]. Forest Policy and Economics,2006,(9):335 – 348.

[85] Moran D,McVittie A,Allcroft D J,et al. Quantifying public preferences for agri-environmental policy in Scotland:a comparison of methods[J]. Ecological Economics,2007,63 (1): 42 – 53.

[86] 单薇,方茂中. 基于主成分构建生态补偿效益评价模型[J]. 河南科学, 2009,27(11):1441 – 1444.

[87] 卢纹岱. SPSS for windows 统计分析[M]. 北京:电子工业出版社,2000.

[88] 刘锦雯. 可持续发展的综合经济效益研究[J]. 经济问题,2001,(8): 5 – 7.

[89] 王静雅,何政伟,于欢. GIS 与层次分析法相结合的生态环境综合评价研究——以渝西地区为例[J]. 生态环境学报,2011,20 (8 – 9): 1268 – 1272.

[90] 余建英. 数据统计分析与 SPSS 应用[M]. 北京:人民邮电出版社,2005.

[91] 张优智. 基于主成分分析的陕西装备制造业竞争力实证研究[J]. 煤炭经济研究,2009,(4):7 – 10.

[92] 吴彼爱,高建华. 中部六省低碳发展水平测度及发展潜力分析[J]. 长江流域资源与环境,2010,19(2):14 – 19.

[93] Dagoumas A S,Barker T S. Pathways to low carbon economy for the UK with the macro-econometric E3MG model [J]. Energy Policy, 2010,(38): 3067 – 3077.

[94] 张雷,黄园淅,李艳梅,等. 中国碳排放区域格局变化与减排途径分析[J]. 资源科学,2010,32(2):211 – 217.

[95] 罗旭. 兰州市碳排放区域格局变化及对策研究[J]. 兰州交通大学学报,2011,30(3):137 – 140.

[96] 高卫东,姜巍,谢辉. 经济发展对中国能源碳排放空间分布的影响[J].

辽宁工程技术大学学报：自然科学版,2009,28(2):296－299.

[97] 中国生态补偿机制与政策研究课题组. 中国生态补偿机制与政策研究
[M]. 北京：科学出版社,2007.

[98] 中国 21 世纪议程管理中心. 生态补偿原理与应用[M]. 北京：社会科
学文献出版社,2009.

[99] 毛显强,钟瑜,张胜. 生态补偿的理论探讨[J]. 中国人口·资源与环
境,2002,12(4):40－43.

[100] 万军,张惠远,王金南,等. 中国生态补偿政策评估与框架初探[J]. 环
境科学研究,2005,18(2):1－8.

[101] 蔡邦成,温林泉,陆根法. 生态补偿机制建立的理论思考[J]. 生态经
济,2005,(1):47－50.

[102] 李文华,李芬,李世东,等. 森林生态效益补偿的研究现状与展望[J]
自然资源学报,2006,21(5):677－688.

[103] 傅春,周迪. 建立鄱阳湖流域生态补偿机制的财税政策研究[J]. 生态
经济,2010,1:151－153.

[104] 李晓光,苗鸿,郑华,等. 生态补偿标准确定的主要方法及其应用[J].
生态学报,2009,29(8):4431－4440.

[105] 禹雪中,冯时. 中国流域生态补偿标准核算方法分析[J]. 中国人口·
资源与环境,2011,21(9):14－19.

[106] 崔丽娟. 鄱阳湖湿地生态系统服务功能价值评估研究[J]. 生态学杂
志,2004,23(4):47－51.

[107] 倪才英,曾珩,汪为青. 鄱阳湖退田还湖生态补偿研究（Ⅰ）——湿地
生态系统服务价值计算[J]. 江西师范大学学报：自然科学版,2009,
6:737－742.

[108] 蔡海生,肖复明,张学玲. 基于生态足迹变化的鄱阳湖自然保护区生
态补偿定量分析[J]. 长江流域资源与环境,2010,19(6):623－627.

[109] 倪才英,汪为青,曾珩,等. 鄱阳湖退田还湖生态补偿研究（Ⅱ）——鄱
阳湖双退区湿地生态补偿标准评估[J]. 江西师范大学学报：自然科
学版,2010,5:541－546.

[110] 李云驹,许建初,潘剑君. 松华坝流域生态补偿标准和效率研究[J].
资源科学,2011,12:2370－2375.

[111] 刘强,彭晓春,周丽旋,等. 城市饮用水水源地生态补偿标准测算与资

金分配研究——以广东省东江流域为例[J]. 生态经济,2012,1: 33 - 37.

[112] 姜宏瑶,温亚利. 基于 WTA 的湿地周边农户受偿意愿及影响因素研究[J]. 长江流域资源与环境,2011,20(4):489 - 494.

[113] 张晓蕾,万一. 基于水质—水量的淮河流域生态补偿框架研究[J]. 水土保持通报,2014,34(4):275 - 279.

[114] 苏芳,尚海洋,聂华林. 农户参与生态补偿行为意愿影响因素分析[J].中国人口·资源与环境,2011,21(4):119 - 125.

[115] 王立安,钟方雷. 生态补偿与缓解贫困关系的研究进展[J]. 林业经济问题,2009,29(3):201 - 205.

[116] 胡小飞,傅春 陈伏生,等. 国内外生态补偿基础理论与研究热点的可视化分析[J]. 长江流域资源与环境,2012,21(11):1395 - 1401.

[117] 徐丽媛,郑克强. 生态补偿式扶贫的机理分析与长效机制研究[J]. 求实,2012,(10):43 - 46.

[118] 王立安,钟方雷,苏芳. 西部生态补偿与缓解贫困关系的研究框架[J].经济地理,2009,29(9):1552 - 1557.

[119] 王立安. 生态补偿对贫困农户影响的研究思路——以甘肃省陇南市退耕还林项目为例[J]. 广东海洋大学学报,2011,31(2):42 - 46.

[120] 贾若祥,侯晓丽. 我国主要贫困地区分布新格局及扶贫开发新思路[J]. 中国发展观察,2011,7:27 - 30.

[121] 朱选祥,查道生,李青. 建立大别山国家级生态经济区的战略构想[J].理论建设,2011,3:13 - 20.

[122] 徐国泉,刘则渊,姜照华. 中国碳排放的因素分解模型及实证分析: 1995—2004[J]. 中国人口·资源与环境,2006,16(6):158 - 161.

[123] 李颖,黄贤金,甄峰. 江苏省区域不同土地利用方式的碳排放效应分析[J]. 农业工程学报,2008,24 (增刊 2):102 - 107.

[124] 黄方,张合平,陈遐林. 湖南主要森林类型碳汇功能及其经济价值评价[J]. 广西林业科学,2007,36(1):56 - 60.

[125] 国务院正式批复《大别山片区区域发展与扶贫攻坚规划(2011—2020年)》[EB/OL]. http://jzfp. jzxf. org. cn/News_View. asp? NewsID =1791,2013 - 01 - 08.

[126] 全国主体功能区规划[EB/OL]. http://www. china. com. cn/policy/

txt /2011—06/13/content_22768278_13. htm.

[127] 课题组. 建立大别山国家级生态经济区的战略构想[J]. 理论建设, 2013,(3):13-20.

[128] 安徽省财政厅课题组. 安徽省连片特殊困难地区财政扶贫政策研究 [J]. 经济研究参考,2011,35:16-21.

[129] 匡远配. 中国扶贫政策和机制的创新研究综述[J]. 农业经济问题, 2005,(8):24-28.

[130] 王瑞,孙芸,栾敬东. 大别山区农业特色产业发展优势和问题及对策 [J]. 农业现代化研究,2013,(5):313-317.

[131] 彭玉婷. 安徽省大别山区生态产业体系建设研究[J]. 当代经济, 2013,(21):90-91.

[132] 王昱,丁四保,王荣成. 主体功能区划及其生态补偿机制的地理学依 据[J]. 地域研究与开发,2009,28(1):17-21,26.

[133] 孔令英,段少敏,张洪星. 新疆生态补偿缓解贫困效应研究[J]. 林业 经济,2014,3:108-111.

[134] 鲜开林,史瑞. 贫困山区生态补偿机制问题研究——以山西太行山区 为例[J].2014,2:57-65.

[135] 赵培红. 城市周边区域跨行政区生态补偿机制探讨——以环京津贫 困带为例[J]. 青岛科技大学学报:社会科学版,2011,27(2):21-25.

[136] 贾若祥,侯晓丽. 我国主要贫困地区分布新格局及扶贫开发新思路 [J]. 中国发展观察,2011,7:27-30.

[137] 孔凡斌,张利国,陈建成. 我国生态补偿政策法律制度的特征、体系与 评价研究[J]. 北京林业大学学报:社会科学版,2010,9(1):41-47.

[138] 李晓光,苗鸿,郑华,等. 机会成本法在确定生态补偿标准中的应 用——以海南中部山区为例[J]. 生态学报,2009,29(9):4875-4873.

[139] 秦艳红,康慕谊. 国内外生态补偿现状及其完善措施[J]. 自然资源学 报,2007,22(4):557-567.

[140] 俞海,任勇. 生态补的偿理论基础:一个分析性框架[J]. 城市环境与 城市生态,2007,20(2):28-31.

[141] 熊鹰,王克林,蓝万炼,等. 洞庭湖区湿地恢复的生态补偿效应评估 [J]. 地理学报,2004,59(5):772-780.

[142] 郝庆,邓玲,张万军,等. 冀北山区生态建设对农户经济行为影响分析

[J]. 生态经济,2008,24(8):52-55.

[143] Wunder S. Payments for environmental services and the poor: concepts and preliminary evidence [J]. Environment and Development Economics, 2008,(1):279-297.

[144] Tschakert P. Environmental services and poverty reduction: Options for small holders in the Sahel [J]. Agricultural Systems,2007,(94): 75-86.

[145] Sierra R, Russman E. On the efficiency of environmental service payments: A forest conservation assessment in the Osa Peninsula, Cesta Rica [J]. Ecological Economics,2006,(59):131-141.

[146] Kalacska M. Baseline assessment for environmental services payments from satellite imagery: A case study from Costa Rica and Mexico[J]. Journal of Environmental Management,2008,(2):348-359.

[147] Pagiola S, Ramirez E. Paying for the environmental services of silvo-pastoral practices in Nicaragua [J]. Ecological Economics,2007,64 (2):374-385.

[148] Moran D, Mcvittie A, Allcroft D J, et al. Quantifying public preferences for agri-environmental policy in Scotland: a comparison of methods[J]. Ecological Economic,2007,(1):42-53.

[149] 李林立,况明生,蒋勇军,等. 生态补偿在实现森林地区经济可持续发展中的效应研究:以湖北神农架为例[J]. 中国生态农业学报,2007, 15(1): 162-165.]

[150] 李怀恩,史淑娟,党志良,等. 南水北调中线工程陕西水源区生态补偿机制研究[J]. 自然资源学报,2009,24 (10): 1764-1771.

[151] 黄昌硕,耿雷华,王淑云. 水源区生态补偿的方式和政策研究[J]. 生态经济,2009,(3): 169-172.

[152] 李宁,米楠,米文宝. 基于 GIS ESDA 的宁夏县域生态补偿空间分析[J]. 宁夏农林科技,2014,55(5):55-58.

[153] 张韬. 西江流域水源地生态补偿标准测算研究[J]. 贵州社会科学, 2001,261 (9): 76-79.

[154] 车越,吴阿娜,赵军,等. 基于不同利益相关方认知的水源地生态补偿探讨:以上海市水源地和用水区居民问卷调查为例[J]. 自然资源学

报,2009,24(10):1829-1836.

[155] 孙新章,谢高地,张其仔,等.中国生态补偿的实践及其政策取向[J].资源科学,2006,28(4):26-30.

[156] 邓敏,苏燕,马会琼.城市饮用水源地生态补偿机制研究[J].山西农业大学学报:社会科学版,2010,4(9):419-413.

[157] 孙思微.基于AHP法的农业生态补偿政策绩效评估机制研究[J].经济视角,2011,(5):177-178.

[158] 于鲁冀,葛丽燕,梁亦欣.河南省水环境生态补偿机制及实施效果评价[J].环境污染与防治,2011,33(4):87-90.

[159] 于江海,冯晓淼.评价生态补偿实施效果的方法初探[J].安徽农业科学,2006,34(2):305-307.

[160] 程明.北京跨界水源功能区生态补偿标准初探:以官厅水库流域怀来县为例[J].湖北经济学院学报:人文社会科学版,2010,5(5):11-12.

[161] 安消云.洞庭湖湿地生态系统服务价值补偿投入机制研究[J].中南林业科技大学学报:社会科学版,2011,(3):48-49.

[162] 段靖,严岩.流域生态补偿标准中成本核算的原理分析与方法改进[J].生态学报,2010,(1):221-227.

[163] 刘玉龙,许凤冉,张春玲,等.流域生态补偿标准计算模型研究[J].中国水利,2006,(22):35-38.

[164] 方茜,陈菁,代小平,等.基于合作收益的跨区域水源保护补偿额测算方法研究[J].水利经济,2011,29(2):38-41.

[165] 李挥,孙娟.林农对生态林效益补偿的受偿意愿及影响因素分析——基于福建省集体林区林农调查的实证研究[J].中南林业科技大学学报:社会科学版,2009,(3):15-18,32.

[166] 葛颜祥,梁丽娟,王蓓蓓,等.黄河流域居民生态补偿意愿及支付水平分析——以山东省为例[J].中国农村经济,2009.(10):77-85.

[167] 徐大伟,刘民权,等.黄河流域生态系统服务的条件价值评估研究——基于下游地区郑州段的WTP测算[J].资源科学,2007,(6):77-89.

[168] 郑海霞,张陆彪,涂勤,等.金华江流域生态服务补偿支付意愿及其影响因素分析[J].资源科学,2010,32(4):761-767.

[169] 李青,张落成,武清华,等.太湖上游水源保护区生态补偿支付意愿问

卷调查——以天目湖流域为例[J]. 湖泊科学,2011,23(1):143-149.

[170] 黄蕾,段百灵,等. 湖泊生态系统服务功能支付意愿的影响因素——以洪泽湖为例[J]. 生态学报,2010,30(2):487-497.

[171] 彭晓春,刘强,周丽旋,等. 基于利益相关方意愿调查的东江流域生态补偿机制探讨[J]. 生态环境学报,2010,19(7):1605-1610.

[172] Wunder. S. Payments for environmental services and the poor: concepts and preliminary evidence [J]. Environment and Development Economics,2008(13): 279-297.

[173] Turpie,J. K. Marais,C. Blignaut,J. N. The working for water programme:Evolution of a payments for ecosystem services mechanism that addresses both poverty and ecosystem service delivery in South Africa[J]. Ecological Economics,2008,65 (4):788-798.

[174] Kosoy. N. ,Corbera. E. ,Brown. K. Participation in payments for ecosystem services: Case studies from the Lacandon rainforest, Mexico [J]. Geoforum,2008,39 (6):2073-2083.

[175] Pagiola Stefano. Payments for environmental services in Costa Rica [J]. Ecological Economics,2008,65 (4):712-724.

[176] Erwinh B,Leslie L,Randy S,et al. Payments for ecosystem services and poverty reduction: concepts,issues, and empirical perspectives [J]. Environment and Development Economics, 2008, 13 (3): 245-254.

[177] 燕守广,沈渭寿,邹长新,等. 重要生态功能区生态补偿研究[J]. 中国人口·资源与环境,2010,20(3): 1-4.

[178] 王昱,王荣成. 我国区域生态补偿机制下的主体功能区划研究[J]. 东北师大学报:哲学社会科学版,2008(4): 17-21.

[179] 龚进宏,熊康宁,李馨,等. 基于主体功能区划的黔东南州生态补偿机制研究[J]. 贵州师范大学学报:自然科学版,2011,29(1): 14-17.

[180] 盂召宜,朱传耿,渠爱雪,等. 我国主体功能区生态补偿思路研究[J]. 中国人口·资源与环境,2008,18(2): 139-144.

[181] 刘雨林. 关于西藏主体功能区建设中的生态补偿制度的博弈分析 [J]. 干旱区资源与环境,2008,22(1): 7-15

[182] 韩德军,刘建忠,赵春艳. 基于主体功能区规划的生态补偿关键问题

探讨——一个博弈论视角[J]. 林业经济,2011(7):54-57

[183]谷学明,曹洋,赵卉卉,等. 主体功能区生态补偿标准研究[J]. 水利经济,2011,29(4):28-32.

[184]徐诗举,查道懂. 主体功能区视阈下的区域间生态补偿制度创新[J]. 赤峰学院学报:自然科学版,2012,28(4):53-56.

[185]程钢,张晓莉. 新疆边境贫困地区农业生态环境补偿机制探讨[J]. 农业经济,2011(4):21-23.

[186]蔡银莺,张安录. 基于农户受偿意愿的农田生态补偿额度测算——以武汉市的调查为实证[J]. 自然资源学报,2011,26(2):177-189.

[187]丁四保,王昱. 区域生态补偿的基础理论与实践问题研究[M]. 北京:科学出版社,2010.

[188]郑海霞. 中国流域生态服务补偿机制与政策研究:基于典型案例的实证分析[M]. 北京:中国经济出版社,2010.

[189]刘春腊,刘卫东,徐美. 基于生态价值当量的中国省域生态补偿额度研究[J]. 资源科学,2014,36(1):0148-0155.

[190]马爱慧,蔡银莺,张安录. 基于选择实验法的耕地生态补偿额度测算[J]. 自然资源学报,2012,27(7):1154-1163.

[191]张伟,张宏业,张义丰. 基于"地理要素禀赋当量"的社会生态补偿标准测算[J]. 地理学报,2010,65(10):1253-1265.

[192]金艳. 多时空尺度的生态补偿量化研究[D]. 杭州:浙江大学,2009.

[193]秦艳红,康慕谊. 国内外生态补偿现状及其完善措施[J]. 自然资源学报,2007,22(4):557-567.

[194]吴明红,严耕. 中国省域生态补偿标准确定方法探析[J]. 理论探讨,2013,(2):105-107.

[195]李文华,刘某承. 关于中国生态补偿机制建设的几点思考[J]. 资源科学,2010,32(5):791-796.

[196]刘春腊,刘卫东,陆大道. 生态补偿的地理学特征及内涵研究[J]. 地理研究,2014,33(5):803-816.

[197]任勇,冯东方,等. 中国生态补偿理论与政策框架设计[M]. 北京:中国环境科学出版社,2008.

[198]赵雪雁. 生态补偿效率研究综述. 生态学报,2012,32(6):1960-1969.

[199]谭秋成. 关于生态补偿标准和机制[J]. 中国人口. 资源与环境,

2009,19(6):1-6.

[200] 赵翠薇,王世杰.生态补偿效益、标准:国际经验及对我国的启示[J].
地理研究,2010,29(4):597-606.

[201] 高瑞.基于 GIS 的生态补偿空间均衡性分析[D].武汉:华中师范大
学,2007.

[202] 刘磊,彭安明.我国生态补偿政策研究现状评述[J].农村经济与科
技,2014,25(9):22-23,19.

[203] 谢晓旭,姜军,戴江伟.2013 年中国区域经济学研究热点评述[J].兰
州商学院学报,2014,30(5):73-78,86.

[204] 刘江宜,张晶,杨天池.武汉城市圈生态补偿机制探索[J].绿色科技,
2014,8:306-308.

[205] 侯成成,赵敏丽,李建豹,等.生态补偿与区域发展关系研究的进展及
展望[J].林业经济问题,2011,31(3):279-282.

[206] 马勇,韩孝平.鄂西生态文化旅游圈生态补偿模式创新对策研究[J].
湖北社会科学,2010,(10):73-76.

[207] 王昱,丁四保,王荣成.区域生态补偿的理论与实践需求及其制度障
碍[J].人口•资源与环境,2010,10(7):74-80.

[208] 丁四保.主体功能区的生态补偿研究[M].北京:科学出版社,2008.

[209] 任世丹.重点生态功能区生态补偿正当性理论新探[J].中国地质大
学学报:社会科学版,2014,14(1):17-21.

[210] 刘春腊,刘卫东.中国生态补偿的省域差异及影响因素分析[J].自然
资源学报,2014,29(7):1091-1104.

[211] 赵斐斐,陈东景,徐敏,等.基于 CVM 的潮滩湿地生态补偿意愿研
究:以连云港海滨新区为例[J].海洋环境科学,2011,30(6):
872-876.

[212] 杨光梅,闵庆文,李文华,等.我国生态补偿研究中的科学问题[J].生
态学报,2007,27(10):4289-4300.

[213] Drechsler M,Wätzold F,Johst K,et al. A model-based approach for
designing cost-effective compensation payments for conservation of
endangered species in real landscapes [J]. Biological conservation,
2007,140(1):174-186.

[214] Corbera E,Soberanis C G,Brown K. Institutional dimensions of

payments for ecosystem services：An analysis of Mexi-co's carbon forestry programme ［J］. Ecological Economics，2009，68（3）：743－761.

[215] Wunder S，Engel S，Pagiola S. Taking stock：A comparative analysis of payments for environmental services programsin developed and developing countries ［J］. Ecological economics，2008，65（4）：834－852.

[216] 李青,张落成,武清华. 太湖上游水源保护区生态补偿支付意愿问卷调查——以天目湖流域为例[J]. 湖泊科学,2011,23(1)：143－149.

[217] 蔡银莺,张安录. 基于农户受偿意愿的农田生态补偿额度测算——以武汉市的调查为实证[J]. 自然资源学报,2011,26(2)：177－189.

[218] 耿涌,戚瑞,张攀. 基于水足迹的流域生态补偿标准模型研究[J]. 中国人口·资源与环境,2009,19(6)：11－16.

[219] 张落成,李青,武清华. 天目湖流域生态补偿标准核算探讨[J]. 自然资源学报,2011,26(3)：412－418.

[220] 李晓光,苗鸿,郑华,等. 机会成本法在确定生态补偿标准中的应用——以海南中部山区为例[J]. 生态学报,2009,29(9)：4875－4883.

[221] 陈传明. 福建武夷山国家级自然保护区生态补偿机制研究[J]. 地理科学,2011,31(5)：594－599.

[222] 李文华,李世东,李芬,等. 森林生态补偿机制若干重点问题研究[J]. 中国人口·资源与环境,2007,17(2)：13－18.

[223] 江秀娟. 生态补偿类型与方式研究[D]. 青岛:中国海洋大学,2010.

[224] 俞海,任勇. 中国生态补偿：概念、问题类型与政策路径选择[J]. 中国软科学,2008(6)：7－15.

[225] 李宁,丁四保. 我国建立和完善区际生态补偿机制的制度建设初探[J]. 中国人口·资源与环境,2009,19(1)：146－149.

[226] 戴其文. 生态补偿对象的空间选择研究——以甘南藏族自治州草地生态系统的水源涵养服务为例[J]. 自然资源学报,2010,25(3)：415－425.

[227] 龚高健. 中国生态补偿若干问题研究[M]. 北京:中国社会科学出版社,2011.

[228] 孔凡斌. 中国生态补偿机制理论、实践与政策设计[M]. 北京:中国环

境科学出版社,2010.

[229] 孔凡斌. 生态补偿机制国际研究进展及中国政策选择[J]. 中国地质大学学报:社会科学版,2010(2):1-5.

[230] 欧阳志云,郑华,岳平. 建立我国生态补偿机制的思路与措施[J]. 生态学报,2013,33(3):686-692.

[231] 接玉梅,葛颜祥,李颖. 我国流域生态补偿研究进展与述评[J]. 山东农业大学学报:社会科学版,2012(1):51-57.

[232] 陈静,张虹鸥,吴旗韬. 我国生态补偿的研究进展与展望[J]. 热带地理,2010(5):503-509.

[233] 李晓光,苗鸿,郑华,等. 生态补偿标准确定的主要方法及其应用[J]. 生态学报,2009,29(8):4431-4440.

[234] 李国平,李潇,萧代基. 生态补偿的理论标准与测算方法探讨[J]. 经济学家,2013(2):42-49.

[235] 陈学斌. 我国生态补偿机制进展与建议[J]. 宏观经济管理,2010(9):30-32.

[236] 徐永田. 我国生态补偿模式及实践综述[J]. 人民长江,2011(11):68-73.

[237] 王朝才,刘军民. 中国生态补偿的政策实践与几点建议[J]. 经济研究参考,2012(1):20-31.

[238] 马丹丹. 流域视角下我国主体功能区生态补偿问题研究[D]. 大连:东北财经大学,2012.

[239] 李浩,黄薇,刘陶,等. 跨流域调水生态补偿机制探讨[J]. 自然资源学报,2011,26(9):1506-1512.

[240] 何承耕. 多时空尺度视野下的生态补偿理论与应用研究[D]. 福州:福建师范大学,2007.

[241] 胡仪元. 区域经济发展的生态补偿模式研究[J]. 社会科学辑刊,2007,(4):123-127.

[242] 张金泉. 生态补偿机制与区域协调发展[J]. 兰州大学学报:社会科学版,2007,35(3):115-119.

[243] 吴晓青,洪尚群,段昌群,等. 区际生态补偿机制是区域间协调发展的关键[J]. 长江流域资源与环境,2003,12(1):13-16.

[244] 胡文蔚,杜欢政,李斌. 区域间生态补偿机制推进区域经济协调发展

[J]. 嘉兴学院学报,2007,(1):5-7,57.

[245] 王昱,丁四保,王荣成. 主体功能区划及其生态补偿机制的地理学依据[J]. 地域研究与开发,2009,28(1):17-21.

[246] Pascual U,Muradian R,Rodríguez L C et al. Exploring the links between equity and efficiency in payments for environmental services:A conceptual approach[J]. Ecological Economics,2010,69(6):1237-1244.

[247] Jack B K,Kousky C,Sims K R E. Designing payments for ecosystem services:Lessons from previous experience with incentive-based mechanisms[J]. Proceedings of the National Academy of Sciences,2008,105(28):9465-9470.

[248] 侯成成,赵雪雁,张丽,等. 生态补偿对区域发展影响研究的进展[J]. 中国农学通报,2011,27(11):104-107.

[249] 戴其文,赵雪雁,徐伟,等. 生态补偿对象空间选择的研究进展及展望[J]. 自然资源学报,2009,24(10):1772-1784.

[250] Herzog F,Dreier S,Hofer G,et al. Effect of ecological compensation areas on floristic and breeding bird diversity in Swiss agricultural landscapes. Agriculture [J]. Ecosystems and Environment,2005,108:189-204.

[251] 刘益军,张素强,王小屈,等. 3S技术在自然保护区生态补偿管理中的应用[J]. 北京林业大学学报,2011,33(Suppl. 2):16-22.

[252] 万本太,邹首民. 走向实践的生态补偿:案例分析与探索[M]. 北京:中国环境科学出版社,2008.

[253] Sánchez-Azofeifa G A,Pfaff A,Robalino J A,et al. Costa Rica's payment for environmental services program:intention,implementation,and impact[J]. Conservation Biology,2007,21(5):1165-1173.

[254] Wunder S,Albán M. Decentralized payments for environmental services:The cases of Pimampiro and PROFAFOR in Ecuador [J]. Ecological Economics,2008,65(4):685-698.

[255] 张婕,徐健. 流域生态补偿模式优化组合模型[J]. 系统工程理论与实践,2011,31(10):2027-2032.

[256] 宋晓谕,徐中民,祁元,等. 青海湖流域生态补偿空间选择与补偿标准研究[J]. 冰川冻土,2013,35(2):496-503.

[257] 赵雪雁,张丽,江进德,等. 生态补偿对农户生计的影响:以甘南黄河水源补给区为例[J]. 地理研究,2013,32(3):531-542.

[258] 陈东风,张世能,徐圣友. 新安江流域生态补偿机制的对策研究与实践——以新安江上游休宁县为例[J]. 黄山学院学报,2013,15(4):24-28.

[259] 蔡艳芝,刘洁. 国际森林生态补偿制度创新的比较与借鉴[J]. 西北农林科技大学学报:社会科学版,2009,9(4):35-40.

[260] 杨丽韫,甄霖,吴松涛. 我国生态补偿主客体界定与标准核算方法分析[J]. 生态经济,2010(5):298-302.

[261] 吴水荣,顾亚丽. 国际森林生态补偿实践及其效果评价[J]. 世界林业研究,2009,22(4):11-16.

[262] 高新才,王科. 主体功能区的贫困地区发展能力培育[J]. 改革,2008,(5):144-149.

[263] 包月英,张海永,高飞. 欠发达地区农村扶贫开发问题及政策建议[J]. 中国农业资源与区划,2009,30(6):25-28

[264] 魏晓燕,夏建新,吴燕红. 基于生态足迹理论的调水工程移民生态补偿标准研究[J]. 水土保持研究,2012,19(5):214-218,222.

[265] 闵庆文,甄霖,杨光梅. 自然保护区生态补偿研究与实践进展[J]. 生态与农村环境学报,2007,(1):81-84.

[266] 高国力. 我国主体功能区划分与政策研究[M]. 北京:中国计划出版社,2008.

[267] 方忠权. 主体功能区建设面临的问题及调整思路[J]. 地域研究与开发,2008.27(6):29-33.

[268] 董力三,熊鹰. 主体功能区与区域发展的若干思考[J]. 长沙理工大学学报:社会科学版,2009,24(1):121-124.

[269] 孙久文,彭薇. 主体功能区建设研究述评[J]. 中共中央党校学报,2007,11(6):67-70.

[270] 高国力. 如何认识我国主体功能区划及其内涵特征[J]. 中国发展观察,2007(3):23-25.

[271] 邹彦林. 构建安徽"三沿"城市经济圈优化主体功能区布局——安徽

城市经济圈发展的战略思考[J]. 开放导报,2008,3:45-48,67.

[272] 白燕. 主体功能区建设与财政生态补偿研究——以安徽省为例[J]. 环境科学与管理,2010,35(1):155-158,194.

[273] 程必定. 按主体功能区思路完善安徽省区域发展总体战略的探讨[J]. 江淮论坛,2008(4):12-17.

[274] 王晓辉,关伟,徐会,等. 安徽省会经济圈建设中的生态补偿问题探讨[J]. 安徽农业大学学报:社会科学版,2008,17(3):42-45.

[275] 国家环保总局自然生态司. 浙江、安徽省建立生态补偿机制情况调查[J]. 环境保护,2006(13):58-65.

[276] 姚琳. 水资源生态补偿机制研究现状与发展趋势[J]. 菏泽学院学报,2008,30(2):90-94.

[277] 郭建卿,靳乐山. 中国生态补偿研究总述[J]. 林业经济问题,2008,28(4):371-376.

[278] 于晓平,左金玲. 我国森林生态补偿机制存在的不足及完善措施[J]. 中小企业管理与科技,2010,(28):266-266.

[279] 胡昕,胡毅诏. 基于主体功能区规划的甘肃省生态补偿机制初探[J]. 农村经济与科技,2012,23(1):93-95.

[280] 孙晓峰. 新形势下安徽扶贫开发特征及思路[J]. 安庆师范学院学报:社会科学版,2008,27(5):9-13.

[281] 王亮,孙太清. 安徽传统扶贫模式与现代脱贫模式的比较[J]. 安徽科技学院学报,2012,26(4):68-71.

[282] 陈兆清. 新时期大别山片区扶贫开发的路径与政策建议——以六安市为例[J]. 理论建设,2014,(5):88-93.

[283] 王艳,来敬东. 山区经济发展的问题与对策研究——基于安徽省大别山十县(区)的数据分析[J]. 皖西学院学报,2014,28(1):82-86.

[284] 王昱,丁四保,卢艳丽. 基于我国区域制度的区域生态补偿难点问题研究[J]. 现代城市研究,2012,(6):18-24.

[285] 贺思源,郭继. 主体功能区划背景下生态补偿制度的构建和完善[J]. 特区经济,2006,(11):194-195.

[286] 王小鹏,赵成章,王晔立,等. 基于不同生态功能区农牧户认知的草地生态补偿依据研究[J]. 中国草地学报,2012,34(3):1-5.

[287] 赵刚. 基于农民参与意愿的农田生态环境补偿方案影响因素分析

[J].西南民族大学学报:自然科学版,2013,39(5):813-817.

[288] 张方圆,赵雪雁,田亚彪,等.社会资本对农户生态补偿参与意愿的影响——以甘肃省张掖市、甘南藏族自治州、临夏回族自治州为例[J].资源科学,2013,35(9):1821-1827.

[289] 李宗利.湖南省武陵山区生态补偿机制创新研究[J].湖南省社会主义学院学报,2014,(4):83-85.

[290] 黄丽君,赵翠薇.基于支付意愿和受偿意愿比较分析的贵阳市森林资源非市场价值评价[J].生态学杂志,2011,30(2):327-334.

[291] 代明,刘燕妮,江思莹.主体功能区划下的生态补偿标准——基于机会成本和佛冈样域的研究[J].中国人口资源与环境,2013,23(2):18-22.

[292] 赵璧奎,黄本胜,邱静,等.基于生态补偿的区域水权交易价格研究[J].广东水利水电,2014,(5):59-63.

[293] 接玉梅,葛颜祥.居民生态补偿支付意愿与支付水平影响因素分析——以黄河下游为例[J].华东经济管理,2014,28(4):66-69.

[294] 李超显,彭福清,陈鹤.流域生态补偿支付意愿的影响因素分析——以湘江流域长沙段为例[J].经济地理,2012,32(4):130-135.

[295] 袁伟彦,周小柯.生态补偿问题国外研究进展综述[J].中国人口·资源与环境,20014,24(11):76-82.

[296] 于金娜,姚顺波.基于碳汇效益视角的最优退耕还林补贴标准研究[J].中国人口·资源与环境,2012,22(7):34-39.

[297] 张蓬涛,张贵军,崔海宁.基于退耕的环京津贫困地区生态补偿标准研究[J].中国水土保持,2011,(6):9-12.

[298] 戴其文.中国生态补偿研究的现状分析与展望[J].中国农学通报,2014,30(2):176-182.

[299] 赵雪雁,徐中民.生态系统服务付费的研究框架与应用进展[J].中国人口·资源与环境,2009,19(4):112-118.

[300] 沈茂英.重点生态功能区生态建设与生态补偿制度研究[J].四川林勘设计,2014,(3):1-7,27.

[301] 王国成.基于DPSIR模型的草原生态补偿综合评价——以甘肃省碌曲县为例[D].兰州:兰州大学学位论文,2011.

[302] 杨向阳,明庆忠.基于DPSIR模型的生态补偿机理分析[J].西南林

学院学报,2008,28(4):118-121.

[303] 张建伟. 新型生态补偿机制构建的思考[J]. 经济与管理,2011,(3):12-14.

[304] 戎晓. 退耕还林工程经济补偿机制研究——以雅安市雨城区为例[J]. 中国人口·资源与环境,2011,21(3):448-450.

[305] 王立安,钟方雷,王静. 农民参与生态补偿项目意愿的定量测度研究[J]. 林业经济问题,2012,32(1):71-75.

[306] 孔凡斌. 退耕还林(草)工程生态补偿机制研究[J]. 林业科学,2007,43(1):95-101.

[307] 冯琳,徐建英,邸敬涵. 三峡生态屏障区农户退耕受偿意愿的调查分析[J]. 中国环境科学,2013,33(5):938-944.

[308] 孙新章,周海林. 我国生态补偿制度建设的突出问题与重大战略对策[J]. 中国人口·资源与环境,2008,18(5):139-143.

[309] 何承耕. 多时空尺度视野下的生态补偿理论与应用研究[D]. 福建:福建师范大学,2007.

[310] 赵玉山,朱桂香. 国外流域生态补偿的实践模式及对中国的借鉴意义[J]. 世界农业,2008,(4):14-17.

[311] 宋鹏飞,张震云,郝占庆. 关于建立和完善中国生态补偿机制的思考[J]. 生态学杂志,2008,27(10):1814-1817.

[312] 冯艳芬,王芳,杨木壮. 生态补偿标准研究[J]. 地理与地理信息科学,2009,25(4):84-88.

[313] 张郁,丁四保. 基于主体功能区划的流域生态补偿机制[J]. 经济地理,2008,28(5):849-852,861.

[314] 董正举,李远,严岩,等. 如何确定生态功能区和资源开发区生态补偿标准[J]. 环境保护,2009,(17):33-35.

[315] 李克国,张宝安,魏国印,等. 环境经济学[M]. 北京:中国环境科学出版社,2008.

[316] 谢维光,陈雄. 我国生态补偿研究综述[J]. 安徽农业科学,2008,36(14):6018-6019,6034.

[317] 阮本清,许凤冉,张春玲. 流域生态补偿研究进展与实践[J]. 水利学报,2008,39(10):1220-1225.

[318] 冉光和,徐继龙,于法稳. 政府主导型的长江流域生态补偿机制研究

[J]. 生态环境,2009,(2):372 - 374,381.

[319] 樊杰. 我国主体功能区划的科学基础[J]. 地理学报,2007,62(4): 339 - 350.

[320] 赵雪雁,董霞. 最小数据方法在生态补偿中的应用:以甘南黄河水源 补给区为例[J]. 地理科学,2010,30(5): 748 - 754.

[321] 张锋,曹俊. 我国农业生态补偿的制度性困境与利益和谐机制的建构 [J]. 农业现代化研究,2010,31(5): 538 - 542.

[322] 刘涛,吴钢,付晓. 经济学视角下的流域生态补偿制度:基于一个污 染赔偿的算例[J]. 生态学报,2012,32(10): 2985 - 2991.

[323] 靳乐山,甄鸣涛. 流域生态补偿的国际比较[J]. 农业现代化研究, 2008,29(2): 185 - 188.

[324] 曹叶军,李笑春,袁海军,等. 可持续发展视野下生态补偿机制的理念 转变:以锡林郭勒盟草地生态补偿为例[J]. 中国草地学报,2009,31 (6): 8 - 13.

[325] 韩鹏,黄河清,甄霖,等. 基于农户意愿的脆弱生态区生态补偿模式研 究:以鄱阳湖区为例[J]. 自然资源学报,2012,27(4): 625 - 642.

[326] 李长亮. 西部地区生态补偿机制构建研究[M]. 北京:中国社会科学 出版社,2013.

[327] 李东. 生态系统服务价值评估的研究综述[J]. 北京林业大学学报:社 会科学版,2011,10(1):59 - 64.

[328] 赵萌莉,韩冰,红梅,等. 内蒙古草地生态系统服务功能与生态补偿 [J]. 中国草地学报,2009,31(2): 10 - 13.

[329] 刘春腊,刘卫东,陆大道. 1987—2012 年中国生态补偿研究进展及趋 势[J]. 地理科学进展,2013,32(12):1780 - 1792.

[330] 孙新章,周海林,张新民. 中国全面建立生态补偿制度的基础与阶段 推进论[J]. 资源科学,2009,31(8): 1349 - 1354.

[331] 徐中民,钟方雷,赵雪雁,等. 生态补偿研究进展综述[J]. 财会研究, 2008,23: 67 - 72.

[332] 李惠梅,张安录. 基于福祉视角的生态补偿研究[J]. 生态学报,2013, 33(4):1065 - 1070.

[333] Alix-Garcia J,de Janvry A,Sadoulet E. The role of deforestation risk and calibrated compensation in designing payments for

environmental services［J］.Environment and Development Economics,2008,13：375－394.

［334］唐秀美,陈百明,路庆斌,等.生态系统服务价值的生态区位修正方法:以北京市为例[J].生态学报,2010,30(13):3526－3535.

［335］范小杉,高吉喜.温文.生态资产空间流转及价值评估模型初探[J].环境科学研究,2007,20(5):160－164.

［336］赵同谦,欧阳志云,王效科,等.中国陆地地表水生态系统服务功能及其生态经济价值评价[J].自然资源学报,2003,18(4):443－452

［337］陈福军,沈彦俊,李倩,等.中国陆地生态系统近30年NPP时空变化研究[J].地理科学,2011,31(11):1409－1414

［338］吴海珍,阿如旱,郭田保,等.基于RS和GIS内蒙古多伦县土地利用变化对生态服务价值的影响[J].地理科学,2011,31(1):110－115

［339］欧阳志云,赵同谦,王效科,等.水生态服务功能分析及其间接价值评价[J].生态学报,2004,24(10):2091－2099

［340］Loomis John,Paula Kent,Liz Strange,et al. Measuring the total economic value of restoring ecosystem services in an impaired river basin：results from a contingent valuation survey［J］.Ecological Economics,2000,33(1):103－117

［341］李文华.生态系统服务功能价值评估的理论、方法与应用[M].北京:中国人民大学出版社,2008.

［342］李万莲,由文辉,王敏.淮河流域蚌埠城市水生态系统服务价值评估[J].资源开发与市场,2006,22(5):457－460

［343］周葆华,操璟璟,朱超平,等.安庆沿江湖泊湿地生态系统服务功能价值评估[J].地理研究,2011,30(12):2296－2304

［344］崔丽娟.鄱阳湖湿地生态系统服务功能价值评估研究[J].生态学杂志,2004,23(4):47－51

［345］张振明,刘俊国,申碧峰,等.永定河(北京段)河流生态系统服务价值评估[J].环境科学学报,2011,31(9):1851－1857

［346］马国军,林栋.石羊河流域生态系统服务功能经济价值评估[J].中国沙漠,2009,29(6):1173－1177

［347］李芬,孙然好,杨丽蓉,等.基于供需平衡的北京地区水生态服务功能评价[J].应用生态学报,2010,21(5):146－152

[348] 安徽省淠史杭灌区管理总局．走进淠史杭[M]．北京：中国水利水电出版社，2006

[349] 万会林．锦绣淠史杭[M]．合肥：安徽人民出版社，1998

[350] 李友辉，董增川，孔琼菊．江西省水资源生态系统服务功能价值评价[J]．江西农业学报，2007，19(1)：95-98

[351] 王欢，韩霜，邓红兵，等．香溪河河流生态系统服务功能评价[J]．生态学报，2006，26(9)：2973-2974

[352] 李景保，刘春平，王克林，等．湖南省大型水库服务功能的经济价值评估[J]．水土保持学报，2005，19(2)：163-166